电工电子实训指导教程

电 工 电 子 实 训 教 研 组　编

天津大学出版社
TIANJIN UNIVERSITY PRESS

内容摘要

本书是由电工电子实训教研组各位教师根据多年实训教学指导经验编写而成的，包括电工与电子两部分内容。各章节内容之间既相互关联也相对独立。电工部分包括安全用电、常用电工工具及测量仪表、照明及电器安装、实习操作。电子部分包括电子工艺基础、电子电路的安装与调试。内容选材广泛，实用性强。

本书可作为普通高等院校理工科各专业本科学生或高等工程类专科学生的电工电子实训指导教材。

图书在版编目(CIP)数据

电工电子实训指导教程 / 电工电子实训教研组编
. —天津：天津大学出版社，2019.8（2022.1 重印）
ISBN 978-7-5618-6449-4

Ⅰ.①电…　Ⅱ.①电…　Ⅲ.①电工技术－教学参考资料②电子技术－教学参考资料　Ⅳ.①TM②TN

中国版本图书馆CIP数据核字(2019)第143527号

出版发行　天津大学出版社
地　　址　天津市卫津路92号天津大学内(邮编:300072)
电　　话　发行部:022-27403647
网　　址　publish.tju.edu.cn
印　　刷　北京盛通商印快线网络科技有限公司
经　　销　全国各地新华书店
开　　本　185mm×260mm
印　　张　7.5
字　　数　187千
版　　次　2019年8月第1版
印　　次　2022年1月第2次
定　　价　20.00元

前　言

本书以电工电子工程技术为主、理论为辅，系统介绍了电气工程技术和电子工艺在工程训练及工程实践中应遵循的国际通用及国家颁布的相关技术标准和规范，并详细介绍了国内外先进的技术和产品，阐明了电气工程技术的基本原理和关键技术，提供了在电气工程典型设备中常用低压电器的选型和使用方法，使读者能尽快掌握电气工程从设计、施工、验收到监理等重要环节的最新要求。在电子工艺相关内容介绍中，较深入地阐述了电子产品从电路原理设计、元器件选型、装配技术规范、工艺流程到最终成为一个完整电子产品的核心流程。

本书由电工电子实训教研组毛书凡、刘浩、王鑫、宋晓琳、刘玲玲等共同编写。由于本书涉及电气工程和电子工艺领域的内容较多较新，加之作者水平有限，难免存有缺陷和不足，欢迎读者批评指正。

编者

2019年6月于天津理工大学

目　　录

第一章　安全用电

1.1　用电安全概述

电流对人体伤害的严重程度与通过人体电流的大小、频率、持续时间、通过人体的路径及人体电阻的大小等因素有关。

1. 电流大小

通过人体的电流越大，人体的生理反应就越明显，感应就越强烈，引起心室颤动所需的时间就越短，致命的危险就越大。

对于工频交流电，按照通过人体电流的大小和人体所呈现的不同状态分为 3 种，见表 1-1。根据触电者所处环境对人的影响，对人体的允许电流作出以下规定：在摆脱电流范围内，人若被电击后一般都能自主摆脱带电体，从而解除触电危险，因此人体允许电流可按 30 mA 考虑；在高空作业、水中作业等可能因电击导致摔死、淹死的场合，则应按不引起痉挛的 5 mA 允许电流考虑。

表 1-1　通过人体电流大小与人体伤害程度的关系　（mA）

名称	概念	电流形式	对成年男性	对成年女性
感知电流	引起人感觉的最小电流。此时，人的感觉是轻微麻、抖和刺痛	工频	1.1	0.7
		直流	5.2	3.5
摆脱电流	人触电后能自主摆脱电源的最大电流。此时，发热、刺痛的感觉增强。电流大到一定程度，触电者将因肌肉收缩、发生痉挛而紧抓带电体，不能自主摆脱电源	工频	16	10.5
		直流	76	51
致命电流	在较短时间内危及生命的电流	工频	30~50	
		直流	1 300（0.3 s），50（3 s）	

2. 通电时间

通电时间越长，人体电阻会因出汗等原因而降低。导致通过人体的电流增加，触电的危险性亦随之增加。引起触电危险的工频电流和通过电流的时间关系如下式：

$$I = Q/t$$

式中：I——引起触电危险的电流（mA）；

t——通电时间（s）。

3. 电压

当人体接触电压后，随着电压的升高，人体电阻会有所降低。若接触了高电压，会因皮肤受损破裂而使人体电阻下降，通过人体的电流则随之增大；在高电压情况下，即使不接触，接近时也会产生感应电流的影响。实验证实,电压对人体的影响及允许接近的最小安全距离见表 1-2。

表 1-2 电压对人体的影响及允许接近的最小安全距离

接触时的情况		可接近的距离	
电压(V)	对人体的影响	电压(kV)	设备不停电时的安全距离(m)
10	全身在水中时跨步电压界限为 10 V/m	10 及以下	0.7
20	湿手的安全界限	20~35	1.0
30	干燥手的安全界限	44	1.2
50	对人的生命无危险的界限	60~110	1.5
100~200	危险性急剧增大	154	2.0
200 以上	对人的生命产生威胁	220	3.0
300	被带电体吸引	330	4.0
1 000 以上	有被弹开而脱险的可能	500	5.0

1.2 触电及急救方法

人体因触及带电体而承受过高的电压,电流流过人体对人体造成伤害,严重时可引起心脏和呼吸骤停,也就是人的血液循环和呼吸功能突然停止,从而引起死亡的现象称为触电。

1. 触电种类

人体触电有电击和电伤两类。

①电击是指电流通过人体时所造成的内伤,它可以使肌肉抽搐,内部组织损伤,造成发热、发麻、神经麻痹等,严重时将引起昏迷、窒息,甚至心脏停止跳动而死亡。通常说的触电就是电击,触电死亡大部分由电击造成。

②电伤是指电对人体外部造成的局部损伤,包括电流的热效应、化学效应、机械效应以及电流本身作用下造成的人体外伤。常见的有灼伤、烙伤和皮肤金属化等现象,严重时也可能致命。

2. 触电事故产生的原因

发生触电事故的主要原因如下:

①缺乏电气安全知识;

②违反操作规程,如使用不合格设备,不遵守设备维修规范等;

③意外触电,如人体受雷击或人体接触落地的高压线等。

3. 触电形式

常见的人体触电形式如下。

(1)单相触电

人体的一部分接触了三相导线中任意一根相线，电流就从一根相线通过人体流入大地，称为单相触电，如图 1-1 所示。它的危险程度根据电压的高低、绝缘情况、电网的中性点是否接地和每相对地电容的大小而定。在触电事例中，发生单相触电的情况最多，如检修带电线路和设备时，不做好防护或接触漏电的电气设备外壳及绝缘损坏的导线，都会造成单相触电。

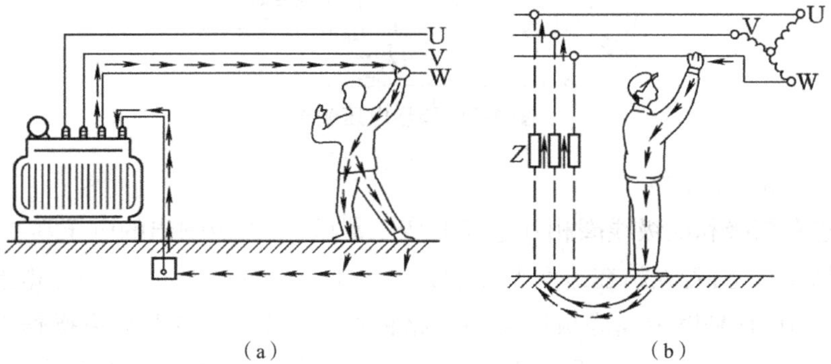

图 1-1　单相触电

（2）两相触电

人体同时接触带电设备或线路中的任意两根相线时，电流从一根相线通过人体流入另一根相线，形成回路，这种触电方式称为两相触电，如图 1-2 所示。在这种情况下，加在人体上的电压为线电压，是相电压的$\sqrt{3}$倍，危险性极大。在高压系统中，人体同时接近两根不同相的导线时，会发生电弧放电，也属于两相触电。

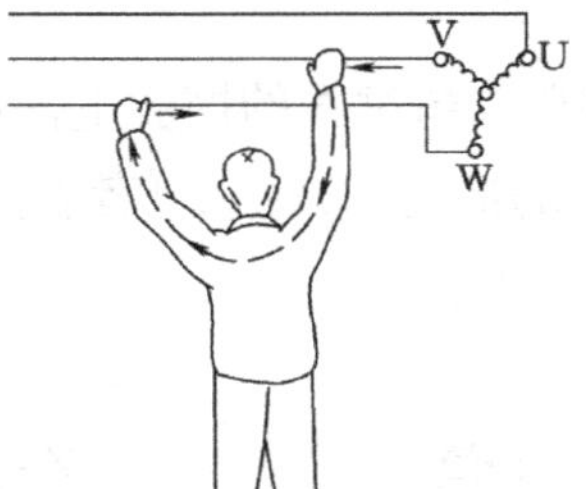

图 1-2　两相触电

（3）跨步电压触电

当电气设备发生接地故障（如绝缘损坏或架空线断落于地面）或在避雷针接地（正在雷击）附近时，由于接地电流或雷击放电电流通过接地体向大地流散，在其周围形成一个强电场，其电位分布是由落地点向周围扩散并逐步降低，当有人跨进这个区域时，分开的两脚间产生电位差，电流从一只脚流进、另一只脚流出而造成的触电，叫作跨步电压触电，如图 1-3 所示。此时，人应该将双脚并在一起或用单脚着地跳出危险区。

图 1-3 跨步电压触电

（4）悬浮电路上的触电

市电通过有初级和次级线圈相互绝缘的变压器后，从次级输出的电压零线不接地，相对于大地处于悬浮状态，若人站在地面上接触其中一根带电导线，一般没有触电感觉。但在大量的电子设备中，它是以金属底板或印刷电路板作为公共"地"端，如果操作者身体的一部分接触底板（接"地"点），另一部分接触高电位端，就会造成触电。因此，在这种情况下，一般都要求单手操作。

（5）高压触电

在高压设备（如高压变电设备）附近，若与带电设备的距离小于安全距离，高压设备会对人体放电发生电击，对人身产生危害。所以，对高压设备的安装安全高度或防护栏安全距离均有明确规定，并安装警示标志。非专业人员切勿靠近，以免造成高压电击伤害。

4. 触电急救方法

（1）解脱电源

人在触电后可能由于失去知觉或超过人的摆脱电流而不能自己脱离电源。此时，抢救者不要惊慌，要在保证自己不触电的情况下，使触电者脱离电源，如图 1-4 所示。

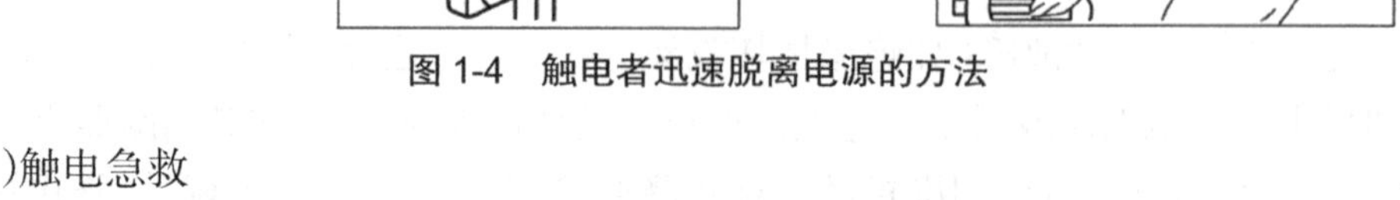

图 1-4 触电者迅速脱离电源的方法

（2）触电急救

脱离电源后对症抢救可能遇到如下情况。

①触电者神志清醒，但感到心慌，四肢发麻，全身无力，或曾一度昏迷，但未失去知觉。可将其抬到空气新鲜、通风良好的地方躺下休息 1~2 h，让其恢复正常。如发现呼吸或心跳很不规则，应迅速设法抢救。

②触电者如神志不清，应就地仰面平躺，且确保气道通畅，并呼叫或拍打其肩部，以判定触电者是否丧失意识。禁止摇动触电者头部并呼叫。

③如果触电者受伤害较严重，失去知觉，停止呼吸，但心脏微有跳动，应采用口对口人工呼吸。若触电者受伤害严重，心脏和呼吸都已停止，完全失去知觉，则需同时采用口对口人工呼吸和人工胸外挤压两种方法。

触电急救要就地进行，抢救工作不能停顿，即使在送往医院途中也不能停止。在进行触电急救的同时，要紧急呼叫 120，请医护人员抢救。施行人工呼吸和胸外挤压时必须坚持不懈，直到触电者苏醒或医护人员前来救治为止。

1.3 接地与接零

1.3.1 接地种类

为防止触电或保护设备的安全，把电力电信等设备的金属底盘或外壳接上地线，利用大地作电流回路接地线。在电力系统中，将设备和用电装置的中性点、外壳或支架与接地装置用导体作良好的电气连接叫作接地。接地的作用：一是防止人身遭受电击；二是防止设备和线路遭受损坏，预防火灾，防止雷击，防止静电损害和保证电力系统的正常运行。

常见的接地种类有工作接地、保护接地、重复接地、防雷接地、屏蔽接地、防静电接地等。

1. 工作接地

为了用电安全，电力系统均将中性点接大地，称为工作接地。接地电阻一般小于 4 欧姆。

2. 保护接地

为防止电气设备因绝缘体损坏而使人体遭受触电危险而装设接地体，称为保护接地。也就是把设备或线路的某一部分通过接地装置与大地连接起来。当电气设备的无电路部分因绝缘损坏而带电时，可用保护接地使其电压数值降低到安全电压数值以下，这样可以防止人身触电事故。

3. 重复接地

当电源变压器离用户较远时，为防止中线断线或线路电阻过大，应在用户附近将中线再接地，如图 1-5 所示。

4. 防雷接地

防雷接地是组成防雷措施的一部分，其作用是把雷电流引入大地。

建筑物和电气设备的防雷装置主要是避雷器（包括避雷针、避雷带、避雷网和消雷装置等）。

避雷器的一端与被保护设备相接，另一端连接地装置。当发生直击雷时，避雷器将雷电引向自身，雷电流经过其引下线和接地装置进入大地。

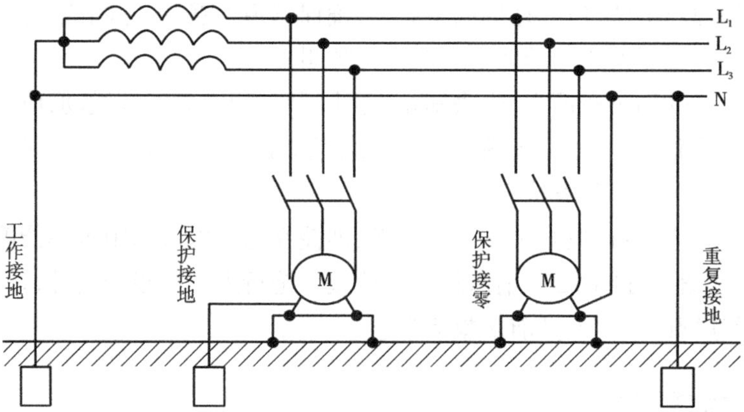

图 1-5 接地示意图

此外，由于雷电引起静电感应，为了防止造成间接损害(如房屋起火或触电等)，通常将建筑物内的金属设备、金属管道和钢筋结构等接地；雷电波会沿着低压架空线、电视天线侵入房屋，引起屋内电工设备的绝缘击穿，从而造成火灾或人身触电伤亡事故，所以还要将线路上和进屋前的绝缘瓷瓶铁脚接地。

5. 屏蔽接地

屏蔽接地是消除电磁场对人体危害的有效措施，也是防止电磁干扰的有效措施。高频技术在电热、医疗、无线电广播、通信、电视台和导航、雷达等方面得到了广泛应用。人体在电磁场作用下，吸收的辐射能量将发生生物学作用，对人体造成伤害，如手指轻微颤抖、皮肤划痕、视力减退等。对产生磁场的设备外壳设屏蔽装置，并将屏蔽体接地，不仅可以降低屏蔽体以外的电磁场强度，达到减轻或消除电磁场对人体危害的目的，也可以保护屏蔽体内的设备免受外界电磁场的干扰。

6. 防静电接地

防静电接地是静电防护最重要的一环。

7. 保护接零(也称保护接中线)

为防止电气设备因绝缘损坏而使人体遭受触电危险，将电气设备在正常情况下不带电的金属部分与电网的零线相连接，称为保护接零。一旦电器的某一相绝缘损坏而与外壳相碰时，则该相电源通过机壳和中性线形成单相短路，电流很大，此时会立即将线路上的保险丝熔断，或使其他保护设备迅速动作，切断线路，从而消除机壳带电的危险，起到保护作用。家用电器一般都采用接零保护。

1.3.2 电气设备接地技术原则

①为保证人身和设备安全，各种电气设备均应根据国家标准 GB 14050—2008《系统接地的形式及安全技术要求》进行保护接地。保护接地线除用以实现规定的工作接地或保护接地的要求外，不应作他用。

②除有特殊要求外，不同用途和不同电压的电气设备应使用一个总的接地体，按等电位

连接要求,应将建筑物金属构件、金属管道(输送易燃易爆物的金属管道除外)与总接地体相连接。

③人工总接地体不宜设在建筑物内,总接地体的接地电阻应满足各种接地中接地电阻最小的要求。

④接地装置的技术要求如下。

a. 变(配)电所的接地装置(接地体)应水平敷设。其接地体采用长度为 2.5 m、直径不小于 12 mm 的圆钢或厚度不小于 4 mm 的角钢,或厚度不小于 4 mm 的钢管,并用截面不小于 25 mm × 4 mm 的扁钢相连为闭合环形,外缘各角要做成弧形。

b. 接地体应埋设在变(配)电所墙外,距离不小于 3 m,接地网的埋设深度应超过当地冻土层厚度,最小埋设深度不得小于 0.6 m。

c. 变(配)电所的主变压器的工作接地和保护接地要分别与人工接地网连接。

d. 避雷针(线)宜设独立的接地装置。

⑤易燃易爆场所的电气设备的保护接地措施如下。

a. 易燃易爆场所的电气设备、机械设备、金属管道和建筑物的金属结构均应接地,并在管道接头处敷设跨接线。

b. 在 1 kV 以下中性点接地线路中,当线路过电流保护为熔断器时,其保护装置的动作安全系数不小于 4;当线路过电流保护为断路器时,动作安全系数不小于 2。

c. 接地干线与接地体的连接点不得少于 2 个,并在建筑物两端分别与接地体相连。

d. 为防止测量接地电阻时产生火花引起事故,测量时应在无爆炸危险的地方进行,或将测量用的端钮引至易燃易爆场所以外的地方进行。

⑥直流设备的接地。由于直流电流的作用,使金属腐蚀严重,接触电阻增大,因此在直流线路上装设接地装置时,必须认真考虑以下措施。

a. 对直流设备的接地,不能利用自然接地体作为 PE 线或重复接地的接地体和接地线,且不能与自然接地体相连。

b. 直流系统的人工接地体的厚度不应小于 5 mm,并要定期检查侵蚀情况。

1.3.3　接地装置和接零装置

接地装置由接地体和接地线(包括地线网)组成。接零装置由接地体和零线网(不包括工作零线)组成。埋设在地下与土壤有紧密接触的金属管道(流经可燃或爆炸性介质的管道除外)、建筑物的金属桩及直接埋设在地下的电缆金属外皮(铝外皮除外)等,均可作为自然接地体使用。

人工接地体可采用钢管、圆钢、角钢及扁钢等制成。一般情况下,接地体应垂直埋设,垂直接地体的埋设深度以 2.5 m 左右为宜。垂直的人工接地体通常不少于两根,相互间的距离以 2.5~3 m 为宜。多岩石地区的接地体可水平埋设,埋设深度通常不应小于 0.6 m,在地下的接地体不应涂漆。地下不得采用裸铝导体做接地体、接地线或接零线。携带式电气设备的接零线及接地线应采用绝缘多股软铜线,最小截面面积为 0.5~1 mm^2。

通常,电气设备的接地装置不可与防雷接地装置混用,而且两者应相距 3~5 m 以上,以免雷击时在电气设备上呈现危险电压。对于高层建筑物,电气设备的接地装置和防雷接地装置难以分开,而是连在一起的。这类高层建筑物的柱、梁、板和桩基中的钢筋,可连接成一个整体的金属框架,在地面以上的部分应接避雷针,对雷电流有较好的分流作用。

第二章　常用电工工具及测量仪表

2.1　电工测量工具的使用

2.1.1　电流值的测量

1. 电流表的选择

测量直流电流时，常用磁电系电流表。测量交流电流时，常用电磁系电流表，也可以选用电动系电流表。

2. 电流表的量程选择

根据被测电流的大小选择电流表的量程，尽量使指针工作在满标值 2/3 的区域，以减小测量误差。当不能确定被测电流的大小时，应选较大量程的电流表进行测试，然后再换适当量程的电流表，以免损坏电流表。

3. 电流表的接线方法

测量电流时应把电流表和被测电路相串联。使用磁电系电流表时，要让电流从表的“+”接线端钮流入，“-”接线端钮流出，否则指针将反偏转而使电流表受损。为了不影响电路原有的工作状态，电流表的内阻应远小于电路的负载电阻，否则测量的电流值将明显偏小。如果误将电流表和负载电路相并联，将有很大的电流流过电流表，并使电流表烧毁，要避免发生这种事故。

4. 电流表量程扩大的方法

根据并联电阻分流的原理，在测量直流电流时，常在磁电系电流表（又称表头）上并联阻值更小的电阻分流器，做成多量程电流表供选用。

扩大交流电流表量程的方法是将其电动系或电磁系电流表的固定线圈分成几段，用线圈串、并联的方法来实现（交流电流表的线圈既有电阻又有电感，用并联分流器的方法扩大量程，分流器很难做得准确）。测量大电流时，要正确选配电流互感器。

5. 钳形电流表

钳形电流表由电流互感器、磁电式电流表、整流器和分流器等组成，外形如图 2-1 所示。电流互感器的铁芯可以开合，被测量的电流导线作为互感器的原边绕组。

（1）用途

钳形电流表用于不切断电路而进行电流测量的场合，是电气设备和线路检修、运行监视中常用的携带式电气仪表。

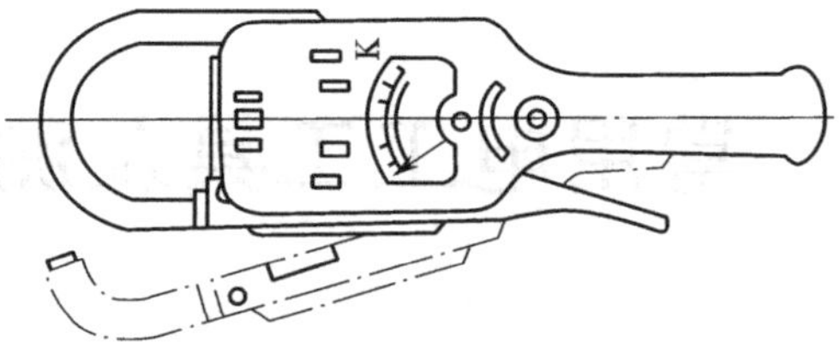

图 2-1　钳形电流表

（2）使用方法

使用钳形电流表时，将表转到合适位置，手持胶木手柄，用食指勾紧铁芯开关，便可打开铁芯，将被测导线从铁芯缺口引入到铁芯中央，然后放松铁芯开关上的食指，铁芯就自动闭合，被测导线的电流在铁芯中产生交变磁力线，电流表上就感应出电流，即可直接读数。

（3）使用注意事项

首先要正确选择表的量程。测量中操作人员应注意与带电部位的安全距离，以防触电或发生短路。对高压设备不能直接使用电流表，必须使用相应绝缘等级的辅助绝缘杆才能进行测量。应严格按照说明书进行操作。

2.1.2　电压的测量

1. 电压表的选择

磁电系电压表只能测量直流电压，电磁系和电动系电压表可以测量交、直流电压。

2. 电压表的量程选择

与电流表量程的选择类似，低压配电装置的电压一般为 380 V 或 220 V，测量时要注意安全。

3. 电压表的接线方法

要测量电路中某两点间的电压，应把电压表并联在这两点间。对于直流电压表，要注意电压表的“+”接线端钮接高电位点，“-”接线端钮接低电位点，否则仪器会受损。

2.1.3　万用表

万用表的基本用途是测量电流、电压和电阻，有的还可以测量电容、电感、晶体管参数以及频率等。万用表使用方便，便于携带，是电路试验和电气维修中的常用工具。

2.1.4　兆欧表

兆欧表主要用来测量绝缘电阻，以判断电机、变压器等电气设备的绝缘是否良好，其读数以兆欧（MΩ）为单位，使用时注意以下要点。

①要正确选择额定电压合适的兆欧表。

②被测电气设备应断电并与其他设备隔离，具有电容的高压设备还应充分放电，之后再进行测量。

③使用前应检查兆欧表是否完好，并严格按照使用说明操作。

2.1.5　电能质量及检测设备

1. 概述

电能质量是指通过公用电网供给用户端的交流电能的品质，通俗来说就是指电网线路中电能的好坏。电能质量问题主要由终端负荷侧引起。例如冲击性无功负载会使电网电压产生剧烈波动，降低供电质量。

随着电网系统中各个用户端配电网中使用的整流器、变频调速装置、电弧炉、电气化铁路以及各种电力电子设备不断增加，会给用电网络造成影响或者说是用电污染，造成电压不稳、过电压，产生谐波等。谐波使电能的生产、传输和利用的效率降低，使电气设备过热，产生振动和噪声，并使绝缘老化、寿命缩短，甚至发生故障或烧毁。谐波还会引起电力系统局部发生并联谐振或串联谐振，使谐波含量被放大，致使电容器等设备烧毁。

这些负荷的非线性、冲击性和不平衡的用电特性，对供电质量造成严重污染。因而，消除供配电系统中的高次谐波问题对改善电能质量和确保电力系统安全、稳定、经济运行有着非常积极的意义。

要了解电网电能质量的实际情况，就必须有相应的设备对其进行测试分析，因此针对国内的实际情况，电能质量分析仪器应运而生。

2. 电能测试仪及主要用途

①测量分析公用电网以及供到用户端的交流电能质量，测量并分析出频率偏差、电压偏差、三相电压允许不平衡度、电网谐波。

②应用小波变换测量分析非平稳时变信号的谐波。

③测量分析各种用电设备在不同运行状态下的公用电网电能质量。

④负荷波动监视。定时记录和存储电压、电流、有功功率、无功功率、视在功率、频率、相位等电力参数的变化趋势。

⑤电力设备调整及运行过程动态监视，帮助用户解决电力设备调整及投运过程中出现的问题。

⑥测试分析电力系统中断路器动作、变压器过热、电机烧毁、自动装置误动作等故障原因。

⑦测试分析电力系统中无功补偿及滤波装置动态参数，并对其功能和技术指标作出定量评价。

⑧根据便携式、多参数、大容量、高精度及近代信号分析理论的应用特点，使电能质量检测仪可广泛地应用于输配电、电力电子、电机拖动等领域。

3. 功能特点

（1）安全可靠

电压输入采用高电压隔离模块（2 000 V、响应时间≤ 2 μs），电流输入采用交电流钳（0~50 kHz，0~5 A/ms）使输入信号和测量系统安全隔离。这样不仅使电能质量检测仪在使用上安全、可靠和方便，而且大大提高了电能质量检测仪的抗干扰能力。

(2)使用方便

便携式电能质量检测仪结构尺寸小、质量轻，一个人即可携带仪器到现场测试；内置高性能锂电池，在无外接电源的情况下可连续工作 8 h。

(3)精度高

符合国标 A 级仪器要求。对谐波、三相不平衡度均采用基准算法，无近似计算，采用高精度 A/D(16 位)同时采样，采集速率达 12.8 kHz。

(4)软件功能强

采用 DSP+ARM+CPLD 内核，处理速度快，软件功能丰富，使电能质量检测仪适用于复杂的测试工作和数据处理工作，大大提高了测试效率和水平。

(5)具有通信接口

电能质量检测仪提供 USB 接口，便于存储数据到 U 盘，与笔记本电脑进行通信传输数据。

(6)实时打印

电能质量检测仪配置微型热敏打印机，能够随时打印现场实时测试的数据。

(7)测试参数多

系统频率、电网谐波、三相电压不平衡度、电压偏差、电压基波有效值和真有效值、电流基波有效值和真有效值、基波有功功率、有功功率、基波视在功率、2~50 次谐波、真功率因数等是全部电能质量五大国标规定的参数。

2.2 常用低压电器

工作在交流电压 1 200 V、直流电压 1 500 V 及以下电路中起通断、保护、控制或调节作用的电器通称为低压电器。

低压电器分类方法很多，按用途可分为低压配电电器和低压控制电器两大类，低压配电电器包括刀开头、转换开关、熔断器和自动开关等，低压控制电器包括接触器、继电器、主令电器、控制器和电磁铁等；按动作方式分为手动电器和自动电器，前者是用手直接操作进行电路的切换，后者是由电器自身参数的变化或外来信号的作用自动进行电路切换；按执行机构中有无触点又可分为有触点电器和无触点电器。

目前，有触点电器仍占多数，随着电子技术的不断发展，体积小、质量轻、安全可靠、使用方便的无触点电器将不断得到推广应用，以适应电气控制系统电子化的现代化趋势。

本节主要介绍电气控制设备中几种常用的低压电器设备的结构、工作原理以及常用型号的低压电器在使用、维修方面的相关内容。

2.2.1 开关

1. 刀开关

刀开关有 HD、HS、HR、HH 及 HK 系列。刀开关文字和图形符号如图 2-2 所示。HD、

HS 系列刀开关在交流 50 Hz、380 V 额定电压或直流额定电压 440 V，额定电流 1 500 A 以下低压配电装置中，用以隔离电源或不频繁地手动接通和分断交直流电路。

HR 系列熔断式刀开关一般在交流 50 Hz、380 V 额定电压或直流额定电压 400 V，额定电流 100~600 A 企业配电网络中，作为电气设备及线路的过负荷和短路保护使用，并在正常供电情况下不频繁地接通和分断电路。

HH 系列负荷开关(铁壳开关)常用于交流 50 Hz、500 V 额定电压或直流额定电流 400 A 以下的各种电气装置和配电设备中，供手动不频繁地接通与分断带负荷电路使用，具有短路保护作用。

HK 系列开启式负荷开关(胶盖闸)是最常见的一种刀开关，其外形如图 2-3 所示，一般用于额定电压 380 V、额定电流 60 A 及以下线路中作控制开关，具有短路保护作用。

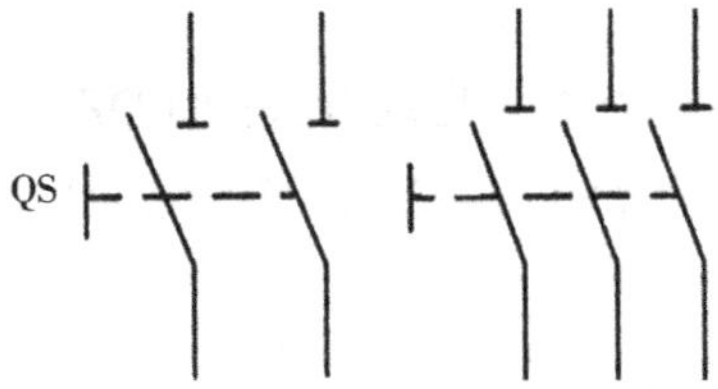

图 2-2　刀开关符号

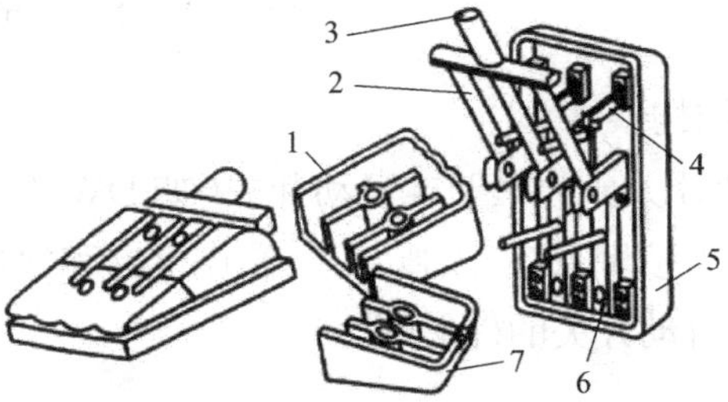

图 2-3　HK 系列开启式负荷开关

1，7—胶盖；2—动触头；3—瓷手柄；4—静触头；5—瓷底座；6—出线座

2. 组合开关

组合开关在电气控制线路中常用来作电源引入开关，主要适用于交流 380 V、直流 220 V 以下的电气设备，也可用来直接启动和停止小容量鼠笼式电动机或使电动机正反转。常用的组合开关有 HZ10 等系列。组合开关文字和图形符号及其结构如图 2-4 所示。

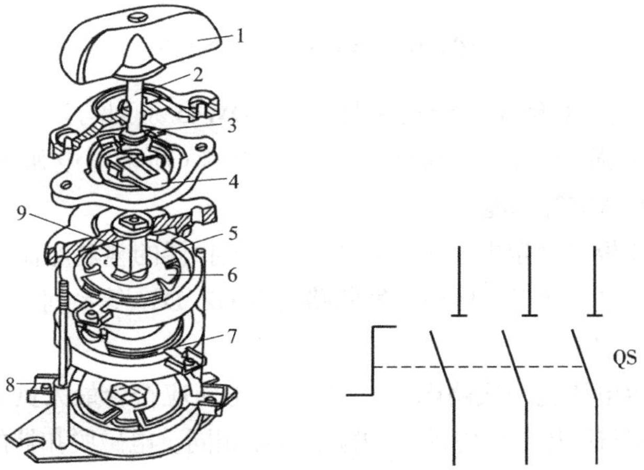

图 2-4　组合开关符号结构

1—手柄；2—转轴；3—弹簧；4—凸轮；5—绝缘垫板；6—动触头；7—静触头；8—接线柱；9—绝缘杆

选用组合开关时，主要考虑电源种类、电压等级、所需触头数以及电动机容量。

3. 自动空气开关

自动空气开关又称自动开关或自动空气断路器。它具有过载、短路及失压保护功能,也可以作为正常情况下小容量不频繁启动电机的控制电器。

(1)型号及表示方法

型号及表示方法如图 2-5 所示。

图 2-5 自动空气开关型号及表示方法

(2)结构

自动开关分为框架式自动开关(如 DW 型)与塑料外壳式自动开关(如 DZ 型)。自动开关一般由接触系统、灭弧装置、操作机构和保护装置等部分组成。图 2-6 是应用较广的塑料外壳式自动开关的外形图。

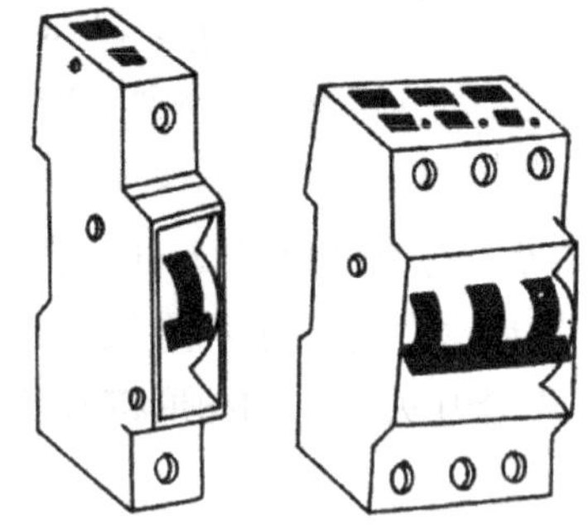

图 2-6 塑料外壳式自动开关

近年来,国内已生产智能型万能式断路器(如 DW45 系列均为大电流系列),其结构紧凑、体积小、分断能力强;采用封闭的触头,不产生电弧(所谓零电弧);智能脱扣器具有自检、试验监控、数显及通信等功能。

断路器的选择要根据额定电压和额定电流、热脱扣器的整定电流和电磁脱扣器的瞬时脱扣整定电流进行考虑。常用的自动空气断路器有 DZ、DW 等系列。

(3)自动开关的选择

自动开关的额定电压应与线路电压一致,额定电流应符合最大负荷电流的要求。热脱扣器的电流整定值应与所控制的电动机的额定电流相同。电磁脱扣器的瞬时脱扣整定电流应大于负载电路正常工作时的尖峰电流。如负载为电动机,则瞬时脱扣整定电流值可按下式计算:

$$I_{set} = 1.7I_{st}$$

式中：I_{st}——电动机的启动电流。

自动开关的文字和图形符号如图 2-7 所示。

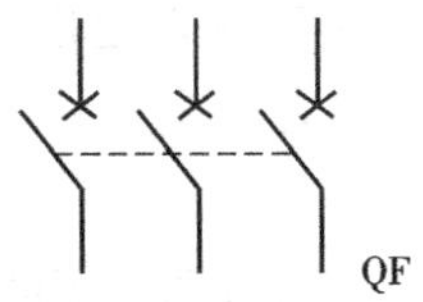

图 2-7 自动开关符号

2.2.2 熔断器

熔断器是低压配电网及电动机控制电路中的保护元件之一，主要作为短路保护使用。熔断器被串联在被保护电路中，当通过熔断器的电流大于规定值时，熔断器自身产生的热量使熔体熔化而自动分断电路，起到保护作用。由于熔断器结构简单、体积小、质量轻、维护简单、价格低廉，其在强电或弱电系统中都获得了广泛的应用。

熔断器的外形如图 2-8 所示，图(a)为 RC1 系列瓷插式熔断器，图(b)为 RL1 系列螺旋式熔断器，图(c)为 RM 系列无填料封闭管式熔断器，图(d)为 RTO 系列有填料封闭管式熔断器。其中 RTO 系列低压高分断能力封闭管式熔断器是从德国 AEG 公司引进的新产品，具有分断能力强、熔体额定电流分级密、特性误差小等优点。

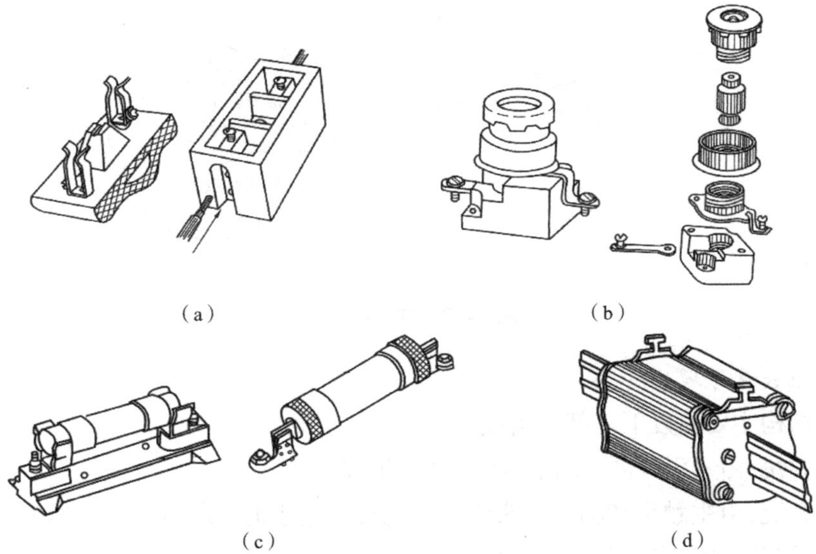

(a) (b) (c) (d)

图 2-8 熔断器

熔断器的图形符号如图 2-9 所示。

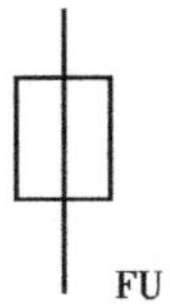

图 2-9 熔断器符号

2.2.3 接触器

接触器是一种广泛使用的电器，可用来频繁地接通和断开电动机的主回路以及短接启动电阻，也可用于其他电力负荷。接触器有交流接触器和直流接触器，本节主要介绍交流接触器。接触器是最常见的电器元件，特别是最常用的交流接触器，巧妙而又熟练地使用接触器的常开常闭点，实现自锁和互锁是必须思考和应用的问题。

交流接触器的字母符号用 KM 表示。几种交流接触器的外形及图形符号如图 2-10 所示，图(a)为 CJ0-20 系列交流接触器，图(b)为 CJ10-10 系列交流接触器，图(c)为 CJ20-40 系列交流接触器，图(d)为 3TB(3TH)系列交流接触器，图(e)为接触器图形符号。其中 3TH、3TB 系列均是由德国引进的产品。

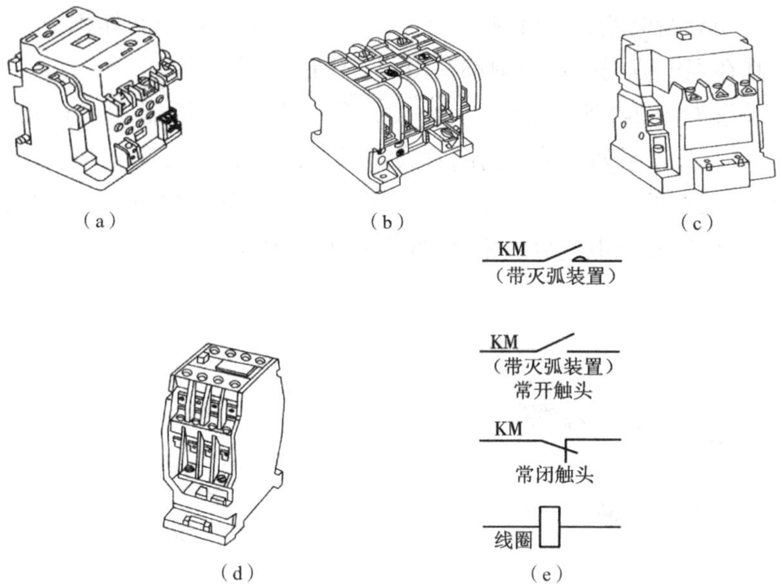

图 2-10 交流接触器

1. 结构组成及原理

接触器结构主要由以下三部分组成。

①电磁系统，由吸引线圈、动铁芯和静铁芯组成。

②接触系统，由主触头和辅助触头组成。主触头用于通、断主回路，是常开触头；辅助触头用于通、断控制回路，有常开触头，也有常闭触头。

③灭弧系统，由磁吹灭弧、栅片灭弧及真空灭弧等装置组成。

2. 接触器型号含义

接触器型号含义如图 2-11 所示。

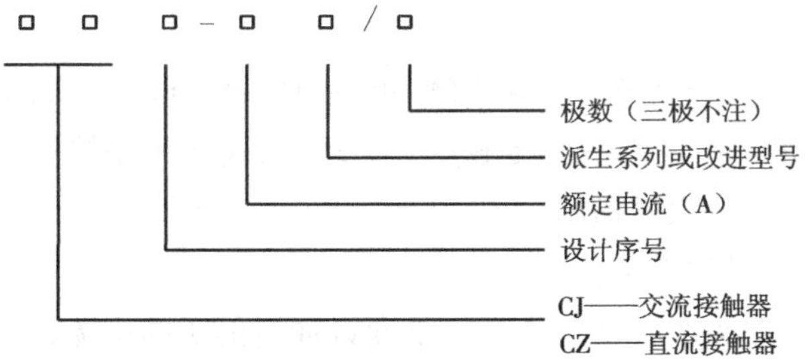

图 2-11　接触器型号含义

较新的有 LC1 系列组合式交流接触器，其接触器和辅助触头是分体的，可以根据不同的要求组合。交流接触器的外形结构如图 2-12 所示。

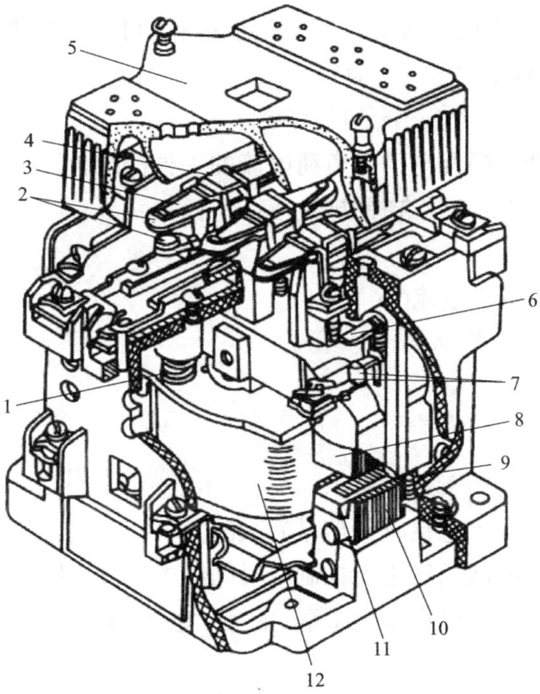

图 2-12　交流接触器外形结构

1—反作用弹簧；2—主触头；3—弹簧片；4—触头压力弹簧片；5—灭弧罩；6—辅助常闭触头；7—辅助常开触头；8—动铁芯；9—缓冲弹簧；10—静铁芯；11—短路环；12—线圈

3. 工作原理

接触器主要由电磁铁和触点两部分组成。它是利用电磁铁的吸引力而动作的。线圈通电后，吸引山字形动铁芯（上铁芯）常开触点闭合。根据用途，接触器的触点分主触点和辅助触点两种。辅助触点常接于电动机的控制回路中，通过电流较小；主触点一般接在电动机的主回路中，通过电流较大。

接触器就是一个电磁阀，当线圈得电吸合，主触点和辅助触点也连带吸合，当线圈断电释放，主触点和辅助触点也同样释放，这就是接触器的工作原理。

4. 灭弧装置

主触头闭合时通过的电流较大，当主触头断开时，触头间产生的电弧会把触头烧坏，并延长电路切断时间，如果此时另一个接触器立即动作，改变相序接通电源，将发生电源短路事故。因此，接触器都采取灭弧措施。

接触器的主要技术参数如下：

①额定电流，指主触头在正常工作条件下允许通过的负荷电流；

②额定电压，包括主触头的额定工作电压、辅助触头的额定工作电压和吸引线圈的额定工作电压；

③动作值，指接触器吸合和释放的电压值；

④额定工作制，指长时、间断长时、短时、重复短时四种工作制；

⑤操作频率，指接触器每小时的操作次数；

⑥接通与分断能力，指接触器主触头在规定条件下可靠接通和分断的最大电流值；

⑦寿命，包括机构寿命和电气寿命。

5. 交流接触器的选择

交流接触器是接通和断开电动机负荷电流的一种控制器，一般交流接触器的额定电流按电动机额定电流的1.3~2倍选择，即

$$I=(1.3\sim2)I_e$$

式中：I——交流接触器额定电流（A）；

I_e——电动机额定电流（A）。

2.2.4 继电器

1. 时间继电器

时间继电器的特点是当它接收到信号后，经过一段时间延时，其触头才动作。因此，通过时间继电器可实现按时间顺序进行控制。时间继电器按不同的延时原理分为电磁式、空气阻尼式、电动机式、钟摆式和晶体管式等。目前，生产上用得最多的是电磁式、空气阻尼式和晶体管式时间继电器。

2. 热继电器

热继电器常作为一般工业中长期或断续运转交流电动机的运行和启动过程中的过载保护使用，有的还可作为断相保护。其外形与结构如图2-13所示。

（1）热继电器的工作原理

如图2-14所示，当电动机过载时，过载电流通过串联在定子电路中的电阻丝2使其发热，主双金属片1受热膨胀，因左侧金属的热膨胀系数较大，所以双金属片向右侧弯曲，通过导板3推动温度补偿片4，使推杆5绕轴转动，它又推动动触头9使动断触头断开。由于该动断触头串联在接触器线圈回路中，当其断开后，接触器线圈断电，使主触头也断开，于是电动机便脱离电源得到保护。电源切断后，电流随即消失，双金属片逐渐冷却，经过一段时间后又恢复原状，于是动触头在失去作用力的情况下，靠自身弹簧自动复位与静触头闭合。图

2-14(a)为结构,图 2-14(b)为文字和符号。

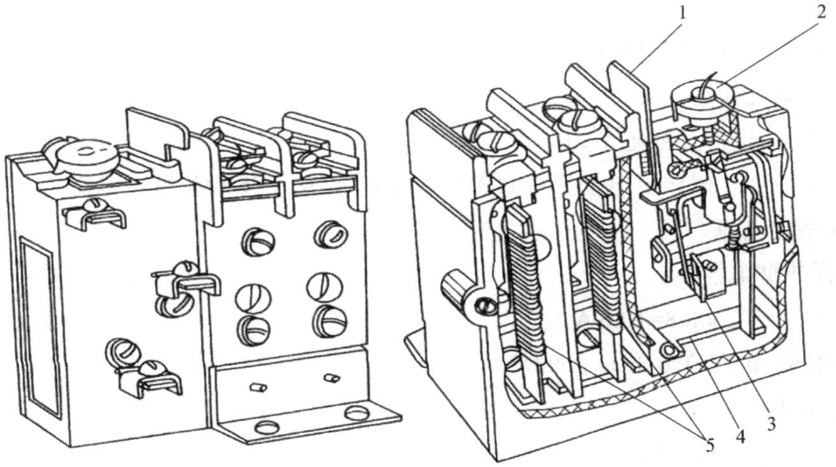

(a)　　　　　　　　　　(b)

图 2-13　热继电器外形与结构

1—复位按钮;2—调整整定电流装置;3—动断触头;4—动作机构;5—热元件

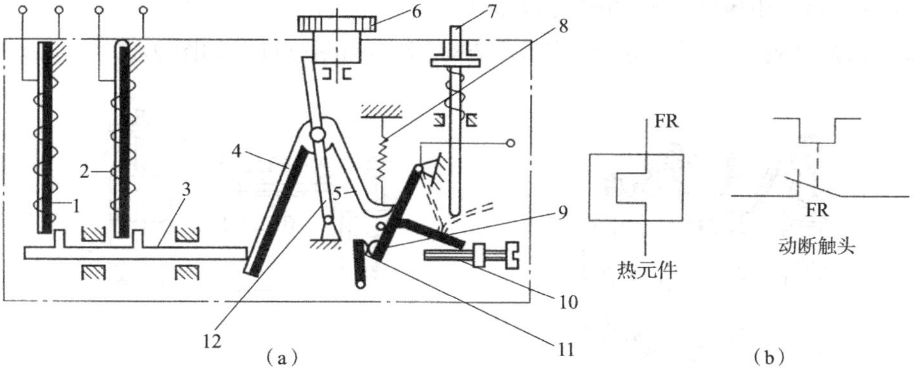

(a)　　　　　　　　　　(b)

图 2-14　热继电器机构和符号

1—金属片;2—电阻丝;3—导板;4—温度补偿片;5—推杆;6,7—复位按钮;
8—弹簧;9—动触头;10—螺钉;11—静触点;12—支撑杆

这种热继电器也可采用手动复位,将螺钉 10 向外调节到一定位置,使动触头弹簧的转动超过一定角度进而失去反弹性;在此情况下,即使主双金属片冷却复原,动触头也不能自动复位,必须采用手动复位。按下复位按钮 7,使动触头弹簧恢复到具有弹性的角度,使之与静触头恢复闭合状态,这对于某些要求故障未被消除而防止带故障投入运行的场合是必要的。

(2)热继电器的选择

常用的热继电器有 JR0 系列和 JR10 系列,新近出产的有 T16 系列热继电器。

根据热继电器的保护特性,选择留有一定上、下调整范围的整定电流。当电动机长期过载 20% 时应可靠动作,且热继电器的动作时间必须大于电动机长期允许过载及启动的时间,电流的整定范围常取电动机额定电流的 1.2 倍,而整定电流按电动机额定电流的 1.05 倍

选取，表示式为

$$I = KI_e$$

式中：I——热继电器整定电流（A）；

I_e——电动机额定电流（A）；

K——系数，选择热继电器时 K=1.2，选择整定电流时 K=1.05。

例 1　有一台三相异步电动机 Y112M-4，额定电压为 380 V，额定电流为 8.8 A，选择热继电器并求整定电流。

解：选择热继电器

$$I = 1.2I_e = 1.2 \times 8.8 = 10.6\ \text{A}$$

选用 JR16-20 / 3D，6.8~11 A 的热继电器。

整定电流为

$$I = 1.05I_e = 1.05 \times 8.8 = 9.2\ \text{A}$$

3. 速度继电器

速度继电器是用来反映转速变化的继电器，主要用于电动机的反接制动控制。

4. 电流继电器

电流继电器是由电磁机构和触头等部分组成，它的触头无须开断大电流，所以做得体积小，也没有灭弧装置。电流继电器的外形、结构、文字和图形符号如图 2-15 所示。

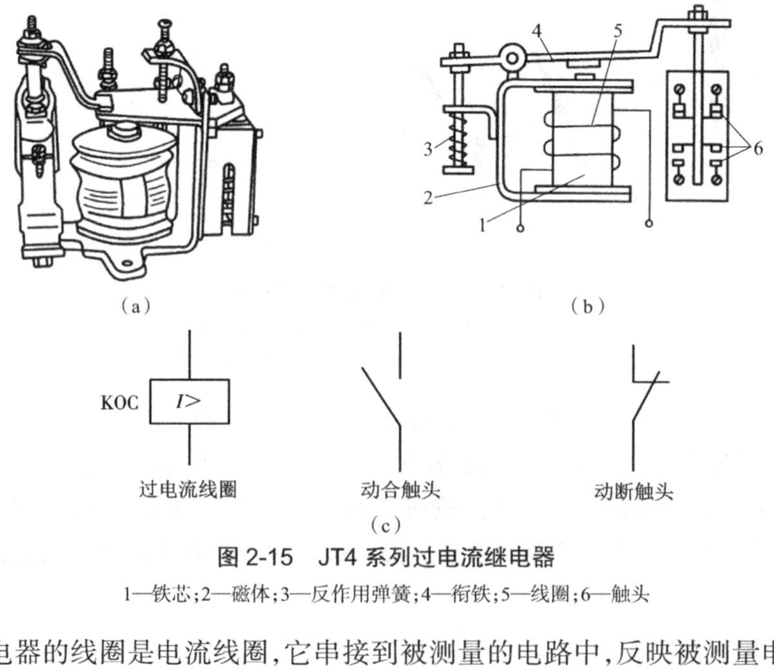

图 2-15　JT4 系列过电流继电器

1—铁芯；2—磁体；3—反作用弹簧；4—衔铁；5—线圈；6—触头

电流继电器的线圈是电流线圈，它串接到被测量的电路中，反映被测量电路电流的变化。为了减少线圈串入后对电路的影响，电流继电器线圈的阻抗应尽量减小，因此匝数少、导线粗。电流继电器按其在控制线路中所起的作用可分为以下两种。

(1)过电流继电器

为了保护电动机不致因过电流而烧坏,将过电流继电器的线圈串联在电动机的定子电路内,在定子电流为正常值时,继电器衔铁不吸合,当电流超过某一整定值时,衔铁吸合,使其动断触头分断,继电器线圈失电,主触头断开,自动将电动机电源切断。

(2)欠电流继电器

欠电流继电器在电路正常工作时,衔铁是吸合的,只有当电流降到某一整定值时,继电器释放输出信号,常用作直流电动机的磁场断路保护,当电动机磁场断路或励磁电流因故障而小于电动机磁场的允许值时,继电器释放输出信号,其动合触头断开,继电器线圈失电,主触头分断,电机脱离电源,以防止"飞转"事故发生。

5. 电压继电器

电压继电器的结构与电流继电器相似,区别在于电压继电器的吸引线圈为并联的电压线圈,所以匝数多、导线细、阻抗大。

根据动作电压值的不同,电压继电器可分为过电压继电器、欠电压继电器及零电压继电器。过电压继电器的动作电压为额定电压的 110%~115%,欠电压继电器的动作电压为额定电压的 40%~70%,而零电压继电器当电压降低到额定电压的 5%~25% 时才动作。

欠电压继电器的符号如图 2-16 所示,图(a)为线圈,图(b)为动合触头,图(c)为动断触头。

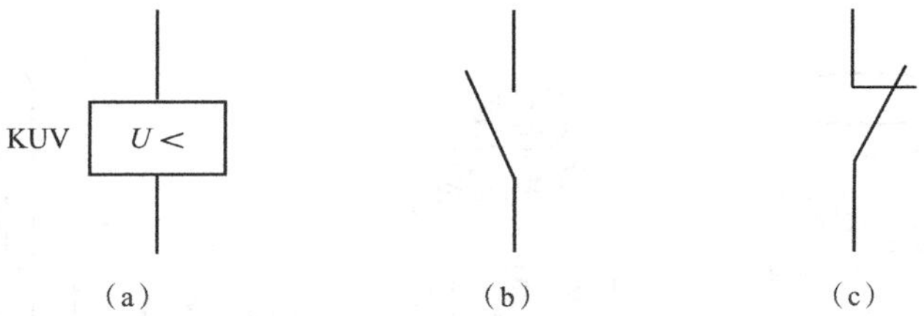

图 2-16　欠电压继电器符号

6. 中间继电器

中间继电器在电路中主要起信号的传递与转换作用,它可以实现多路控制,并可将小功率的控制信号转换为大容量的触头动作,以驱动电气执行元件工作。

中间继电器的结构与接触器相似。其特点是触头对数多,一般有 8 对,可组成 4 对动合、4 对动断,或 6 对动合、2 对动断,或 8 对动合三种形式。另外,触头容量大(5~10 A),所以中间继电器的主要用途是当其他继电器的触头数目或触头容量不能满足控制线路要求时,则可借助中间继电器环节扩大触头数量或触头容量,起到中间转换作用。

选用中间继电器时,主要根据被控制电路的电压等级、触头数量、种类(动合和动断)及容量等要求来选择。中间继电器的外形和符号如图 2-17 所示。

以上讨论的电流继电器、电压继电器、中间继电器均为电磁式继电器,常用的产品有 JT3,JT4,JT9,JT10,JL12,JL14,JZ7,JZ8 等型号。

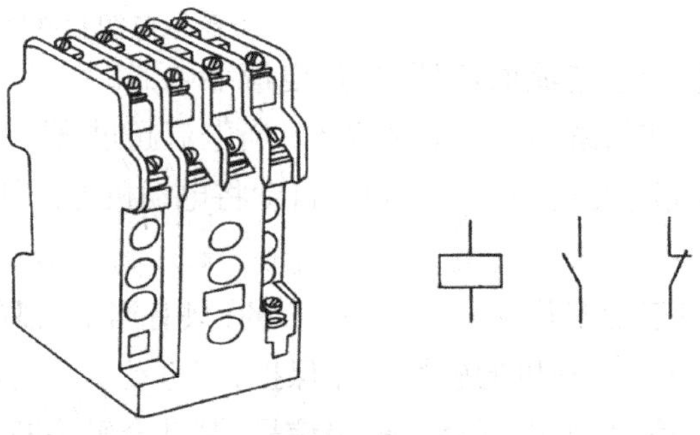

（a） （b）

图 2-17 中间继电器外形和符号

2.2.5 主令电器

主令电器主要用于闭合、断开控制电路，以发出命令或信号，达到对电力传动系统的控制或实现程序控制。

1. 按钮开关

按钮是一种短时接通或分断小电流电路的电器，它不直接控制主电路的通断，而在控制电路中发出“指令”去控制接触器、继电器等电器，再由它们去控制主电路。LA 系列按钮的外形如图 2-18 所示。

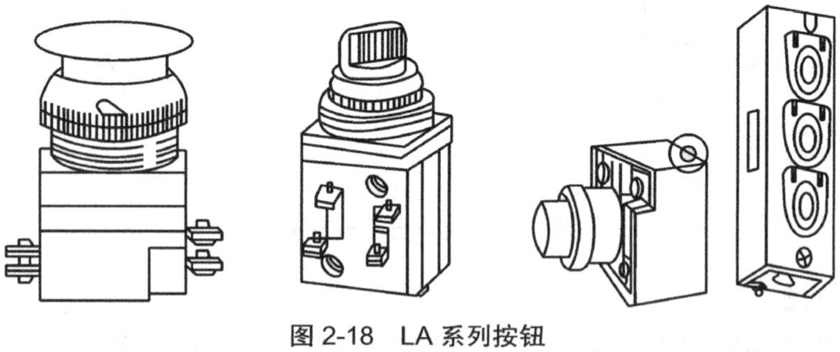

图 2-18 LA 系列按钮

按钮的选择要考虑以下方面。

①根据使用场合选择按钮的种类。电动葫芦不宜选用 LA18 和 LA19 系列按钮，而宜选用 LA2 系列按钮。灰尘较多的场合不宜选用 LA18 和 LA19 系列按钮，最好选用 LA14-1 系列按钮，一般场合可选用开启式和保护式按钮。

②根据用途选用合适形式的按钮，如旋钮式、钥匙式、紧急式等。

③按照控制回路的需要，确定不同的钮数，如单钮、双钮、三钮、多钮等。

④按工作状态指示和工作情况的要求，选择按钮和指示灯的颜色。

按钮的开关符号如图 2-19 所示，图（a）为动合按钮，图（b）为动断按钮，图（c）为复合按钮。

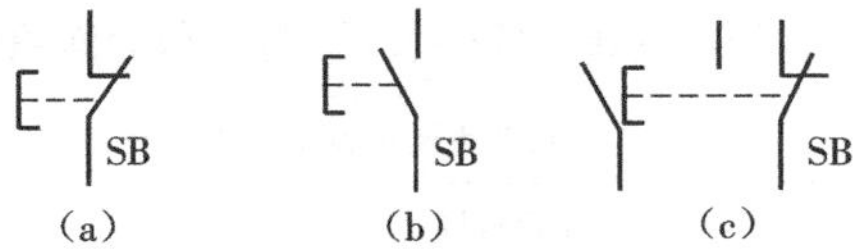

图 2-19　按钮的开关符号

2. 行程开关

行程开关外形如图 2-20 所示，其中图(a)为 LX19 系列行程开关，图(b)为 JLXK1 系列行程开关，图(c)为动断触头(常闭触头)。行程开关主要用于将机械位移转变为电信号，用来控制机械动作或用作程序控制和限位控制。

行程开关符号如图 2-20(d)所示。行程开关主要用于控制电机的正反转，实现工作台的自动往返，此外也可作终端保护、制动与变速等线路的控制器使用。

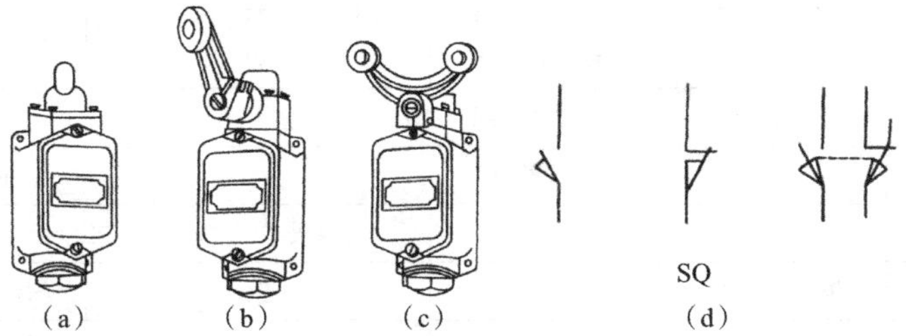

图 2-20　行程开关外形和符号

3. 万能转换开关

万能转换开关的外形如图 2-21 所示。万能转换开关主要作为控制线路的转换、电气测量仪表的转换以及配电设备的远距离控制，亦可用于小容量电动机的启动、制动、换向及变速控制。因换接的线路多、用途广，故有“万能”之称。它是一种多挡式、控制多回路的主令电器。常用的万能转换开关有 LW5 和 LW6 系列。

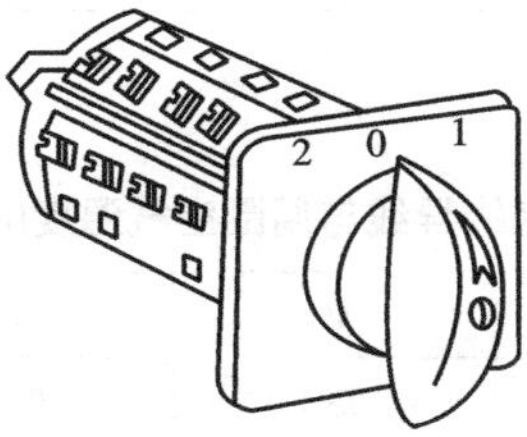

图 2-21　万能转换开关

2.3　导线的选型与连接

1. 导线的安全载流量

绝缘导线的安全载流量见表 2-1，绝缘导线与周围空气温度的校正系数见表 2-2。

表 2-1 塑料绝缘导线和橡皮绝缘导线(铜、铝)标称截面面积(mm^2)与安全载流量 (A)

标称截面面积	塑料绝缘导线安全载流量											
	明线敷设		穿管敷设						护套线			
			二根		三根		四根		二芯		三芯及四芯	
	铜	铝	铜	铝	铜	铝	铜	铝	铜	铝	铜	铝
1	18		15		14		13		14		11	
1.5	22	17	18	13	16	12	15	11	18	14	12	10
2.5	30	23	26	20	25	19	23	17	22	19	19	15
4	40	30	38	29	33	25	30	23	33	25	25	20
6	50	39	44	34	41	31	37	28	41	31	31	24
10	75	55	68	51	56	42	49	37	63	48	48	37
16	100	75	80	61	72	55	64	49				
25	130	100	100	80	90	75	85	65				
35	160	125	115	96	110	84	105	75				
50	200	155	163	125	142	109	120	89				
标称截面面积	橡皮绝缘导线安全载流量											
	明线敷设		穿管敷设						护套线			
			二根		三根		四根		二芯		三芯及四芯	
	铜	铝	铜	铝	铜	铝	铜	铝	铜	铝	铜	铝
1	17		14		13		12					
1.5	20	15	16	12	15	11	14	10				
2.5	28	21	24	18	23	17	21	16	12		10	
4	37	28	35	26	30	23	27	21	15	12	11	8
6	46	36	40	31	38	29	34	26	19	16	16	13
10	69	51	63	47	50	39	45	34	28	21	21	17
16	92	69	74	56	66	50	59	45	35	26	26	21
25	120	92	92	74	83	69	78	60	54	41	41	32
35	148	115	115	88	100	78	97	70				
50	185	143	150	115	130	100	110	82				

表 2-2 绝缘导线与周围空气温度的校正系数

周围空气温度(℃)	35	40	45	50	55
塑料绝缘皮	1.00	0.93	0.85	0.76	0.66
橡皮绝缘皮	1.00	0.91	0.82	0.71	0.58

注意事项如下。

①塑料绝缘线的线芯最高工作温度为 70 ℃,橡皮绝缘线的线芯最高工作温度为 65 ℃。

②电线周围环境温度为 35 ℃,实际空气温度高于 35 ℃的地方,导线安全载流量应按校正系数表乘以校正系数确定。

2. 导线的连接

导线的连接是电气工作者应掌握的基本技能,连接质量的好坏直接影响电气设备能否正常运行与人身安全。

对接合(装接)的要求如下。

①导线接头处接触要紧密,接触处的电阻应不大于导线本身的电阻。

②导线接头处的机械强度应不低于原导线强度的 80%,耐蚀性和绝缘强度应与原导线相同,即接头处不得使绝缘强度降低,并保证运行后不受腐蚀。

③接头处的额定电流发热量应不超过相当截面导线的发热量。

3. 导线绝缘层切剥工艺

①塑料绝缘层的切剥可用剥线钳、电工刀和钢丝钳来完成。

钢丝钳常用于截面面积在 4 mm² 以下塑料绝缘层的切剥。操作方法是:先按所需线头长度用钳口轻切塑料层(不要切到线芯),然后用手握住钳头用力向外勒去塑料层,而另一只手握紧导线反向用力协同动作,如图 2-22(a)所示。

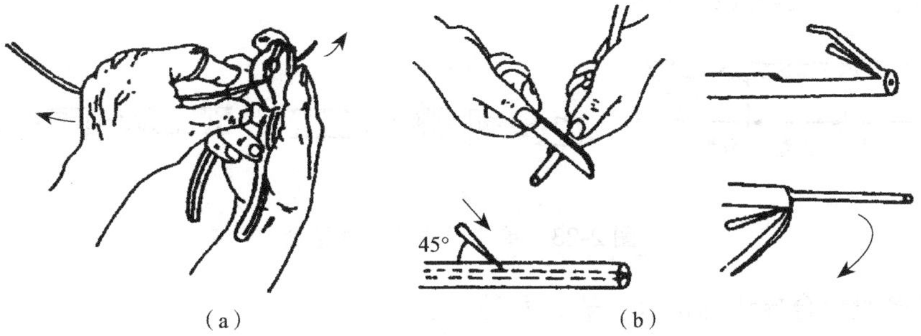

图 2-22　切剥工艺

导线截面较大时,可用电工刀切剥绝缘层。操作方法是:按所需线头长度用刀口倾斜 45° 角切入绝缘层(不可切到线芯),然后刀面与线芯保持 25° 左右,用力向外切去一条缺口,接着将留下的绝缘层剥离线芯,向后翻卷,用刀取齐切去,如图 2-22(b)所示。

②双层橡皮线绝缘层的切剥一般采用分段切剥法。即先用电工刀绕导线轻切一圈剥去一层,再用相同方法剥去第二层,但在切削第二层时,必须在第一层处再向前一段(约 12 mm)。

③花线绝缘层的切剥,首先将棉纱层从线端向里翻,使露出的橡胶层长度为所需的长度,然后用钳子剥去。

④漆包线的去漆工艺一般有以下 3 种。

a. 燃烧去漆法。将线端要去漆的部分在酒精灯上燃烧,使漆皮炭化后迅速浸入乙醇中,取出后用干净棉花或布擦净。

b. 甲酸去漆法。将需要去漆的导线放入室温甲酸溶液中,经数分钟后取出,用沾有乙醇的棉花(布)将甲酸擦净即可。

c. 碱液去漆法。将需要去漆的导线放入 50% 浓度的苛性钠液体中,经一定时间取出,然后用蒸馏水洗去碱液(漆皮也同时去除)。

4. 铜芯导线接合结构与接合要求

（1）直路接合

①对于单股导线的接合有以下三种方法。

a. 绞接法：一般用于导线直径小于 2.5 mm 的接合。它是把两根要接合的导线互绞 3 转后，再分别在每一根导线上紧密绕 5~6 圈，如图 2-23（a）所示。

b. 卷绕法：用于导线直径大于 2.6 mm 的接合。先用钳子将要接合的裸导线稍作弯曲，相互结合，再在两导线间加一段直径约为 1.5 mm 的裸线作为辅助线，同时再用相同的线作绑线，从中间开始分别向两边绕卷，其缠绕长度约为导线直径的 10 倍，然后把主线弯回贴紧，绑线继续再绕 5 圈，多余的线头剪去修平，如图 2-23（b）所示。

c. 单卷法：通常用于粗细直径不一的导线接合。将细导线在粗裸导线的 1/2 处由外向里缠绕 5~6 圈，把粗导线弯成钩并压紧，再用细导线在粗导线的合并处绕 5~6 圈，剩下的细导线剪去修平，如图 2-23（c）所示。

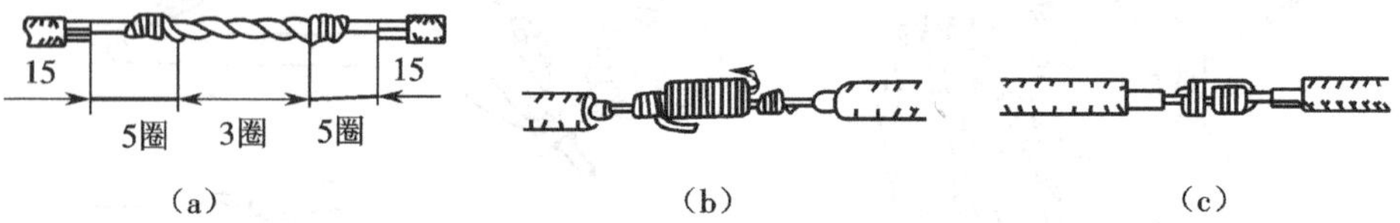

图 2-23　单股导线的直路接合

②对于多股绞合导线的接合一般有两种方法。

a. 单卷法：用于任何粗细的多股导线。首先把剥裸的多股导线芯顺次分开成伞状（中心一股剪去），然后把分开的线头互相插嵌，使每股线完全接触后再把分开的线合拢，并从中任取一股于中部绕 5~6 圈，另换一股把原来的一股压在里面绕 5~6 圈。依次类推，绕至导线未分开边为止，余线剪去，留下部分压紧平整。再用同样方法绕另一端，如图 2-24（a）所示。

b. 卷绕法：先按单卷法将导线芯分开，再绞接、合拢成一股，然后用一根裸导线（ϕ1.6 mm）为绑线从中部开始用钳子紧密向一边绕卷到导线芯接近端部，其缠绕长度约为导线直径的 10 倍，把导线芯折弯压紧在绕卷层上面，再用绑线绕 5~6 圈，压紧，多余线头剪去。用同样方法绕另一端，如图 2-24（b）所示。

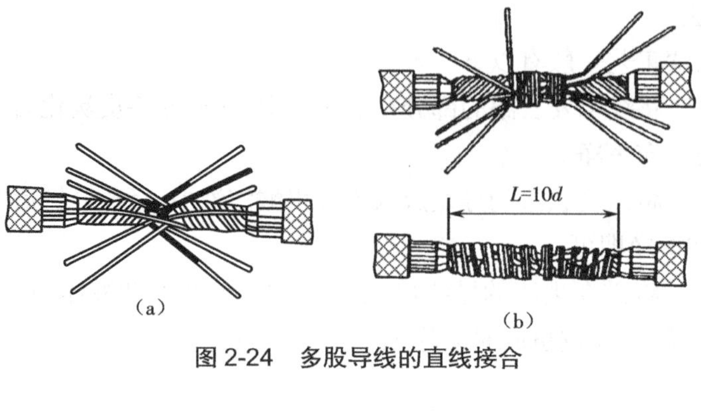

图 2-24　多股导线的直线接合

（2）分支接合

分支接合是指在一路输电线的中间需要分出另一路输电线路。

单股导线的分支接合通常采用绞接法，主要用于导线直径小于 2.6 mm 的连接。在接合时，先把支线与干线十字相交，支线在干线上结成一扣，并抽紧拉直，然后紧密地在干线上缠绕 5~8 圈，剪去多余线，用钳子把端部压平即可。若导线直径较粗，不易成结，可十字交叉后直接缠绕数圈压紧牢固即可，如图 2-25（a）所示。另一种是缠绕法，先将支线弯曲成直角，然后将两线贴合，用裸导线紧密缠绕至一定长度（约为导线直径的 10 倍），如图 2-25（b）所示。对于多股导线的分支接合，通常采用缠绕法。即先将剥裸的支线弯成 90° 贴在干线上；所用绑线一端也弯成 90°，贴在干线上；绑线自支线弯曲处向前缠绕，其缠绕长度为两导线直径的 5 倍；最后将绑线两头绞合，剪去多余绑线后用钳子压平，如图 2-25（c）所示。

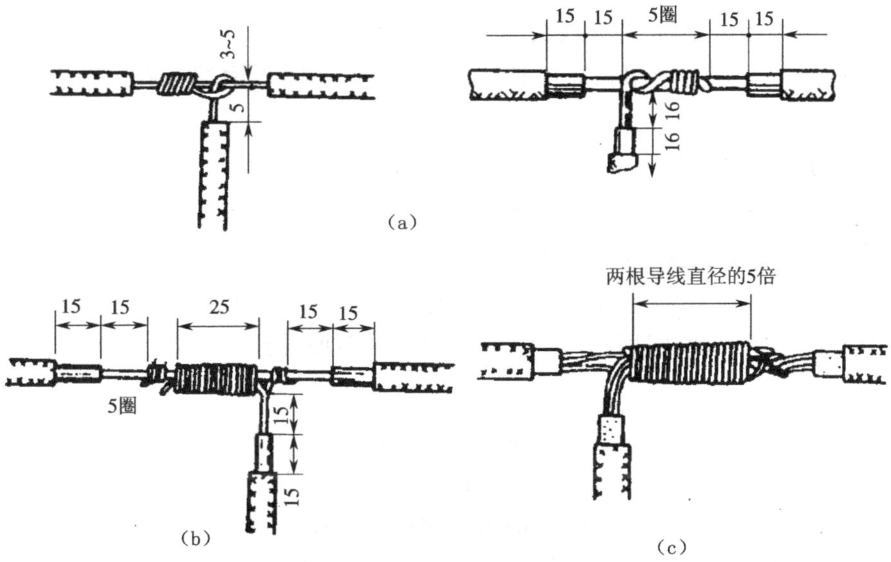

图 2-25　单股及多股导线的分支接合

铜导线接合后，为使接合处牢固，防止氧化和松动，通常采用加焊。其焊接方法按导线截面大小而定。一般 10 mm^2 以下的导线接合处可用电烙铁进行加焊（若无电源，用火烙铁）；16 mm^2 以上的导线接合处用加焊法，在焊前必须除锈，焊后擦去焊渣，使接合处光亮。

（3）导线终端的装接

导线与电气设备（或仪表）的连接方式，一般是把线头接到接线柱上或压在螺钉上。对于导线截面面积在 10 mm^2 以下的单股线和导线截面面积在 4 mm^2 以下的多股线及 2.5 mm^2 以下的软线，可将导线端头剥去绝缘层后弯成一个圆环，其方向与螺钉螺旋方向一致，圆环大小要适当，接触要紧密，连接要牢固不松动，如图 2-26（a）为正确接法，图 2-26（b）为不正确接法。

1. 绘制电气原理图的原则与要求

①电气原理图包括主电路、控制电路、信号电路、照明电路及保护电路等。

主电路（动力电路）指从电源到电动机的大电流通过的电路，其中电源电路用水平线绘制，授电动力设备（电动机）及其保护电器（如熔断器、热继电器的驱动元件）支路应垂直于电源电路画出。

控制电路、照明电路、信号电路及保护电路等应垂直地绘于两条水平电源线之间，耗能元件（如线圈、电磁铁、信号灯等）的一端应直接连接在接地的水平电源线上，控制触点连接在上方水平线与耗能元件之间。

图 2-29 为 CY6140 车床电气原理图。

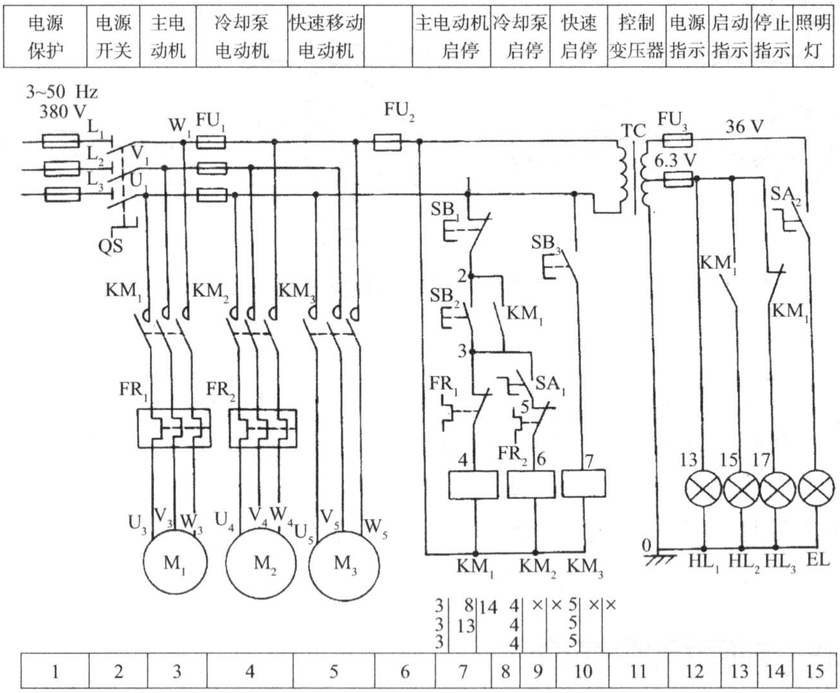

图 2-29　CY6140 车床电气原理图

②图中所有电器触点都按没有通电和没有外力作用时的开闭状态画出；对于继电器、接触器的触点，按吸引线圈不通电状态画；控制器按手柄处于零位时的状态画；按钮、行程开关按不受外力作用时的状态画。

③无论主电路还是辅助电路，各元件一般应按动作顺序从上到下、从左到右依次排列。

④原理图中各电器元件和部件在控制线路中的位置应根据便于阅读的原则安排。同一个电器元件的各个部件可以不画在一起，但必须用同一文字符号标注。

⑤原理图中有直接电联系的交叉导线连接点，用实心圆点表示；可拆接或测试点用空心圆点表示；无直接电联系的交叉点不画圆点。

⑥对非电气控制和人工操作的电器，必须在原理图上用相应的图形符号表示其操作方

式及工作状态。由同一机构操作的所有触点，应用机械连杆符号表示其联动关系。各个触点的运动方向和状态必须与操作件的动作方向和位置协调一致。

⑦对与电气控制相关的机、液、气等装置，应用符号画出简图，以表示其关系。

2. 图面区域的划分

为了便于检索电气线路，方便阅读电气原理图，应将图面划分为若干区域。图区的编号一般写在图的下方。图的上方设有用途栏，用文字注明该栏对应的下面电路或元件的功能，以利于理解原理图各部分的功能及全电路的工作原理。

3. 符号位置的检索

由于接触器、继电器的线圈和触点在电气原理图中不画在一起，其触点分布在图中所需的各个图区，为便于阅读，在接触器、继电器的线圈下方画出其触点的索引表。

对于接触器，索引表中各栏含义见表 2-3。

表 2-3　接触器索引表各栏含义

左栏	中栏	右栏
主(动合)触点所在图区号	主(动合)触点所在图区号	辅助(动断)触点所在图区号

继电器索引表各栏含义见表 2-4。

表 2-4　继电器索引表各栏含义

左栏	右栏
主(动合)触点所在图区号	辅助(动断)触点所在图区号

在图 2-29 中，接触器 KM_1 及 KM_2 下的索引表分别为

KM_1

3	8	14
3	13	
3		

KM_2

4	×	×
4		
4		

KM_1 索引表表明：KM_1 有 3 对主触点均在 3 图区，两对辅助触点分别在 8 图区及 13 图区，一对辅助触点在 14 图区。

KM_2 索引表表明：KM_2 有 3 对主触点均在 4 图区，“×”表示没有使用辅助触点，有时也可省去“×”。

2.4.2　电气设备安装图

电气设备安装图是表示各种电气设备在机械设备和电器控制柜的实际安装位置。各电器元件的安装位置是由机械设备的结构和工作要求决定的，如电动机要和被拖动的机械部件在一起，行程开关应放在要取得信号的地方，操作元件应放在操作方便的地方，一般电器

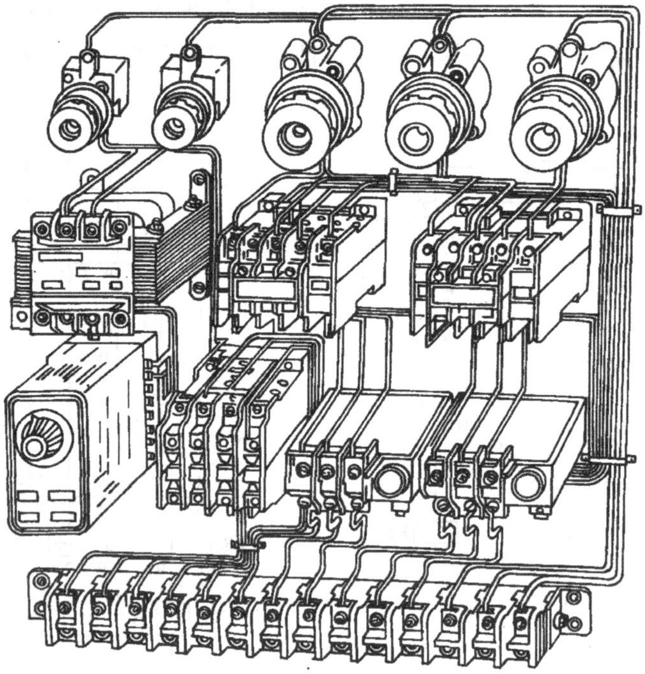

图 2-31 配电板的明配线

(2)塑料穿线槽的配线

当电气控制柜内的空间较大时,可应用塑料穿线槽的配线方式。塑料穿线槽由盖板及槽底座组成,其外形如图 2-32 所示。槽中空间容纳导线,缺口供导线进出用。由于电器元件的所有连接导线都要通过塑料穿线槽,所以在电气安装板的四周都需配置穿线槽。塑料穿线槽可用螺钉固定在底板上。

塑料穿线槽配线的特点是配线效率高,省工省时;对电器元件在底板上的排列方式没有特殊要求;当维修更换元器件时,对线路结构的完整性无影响;但配线所用导线的数量较多。

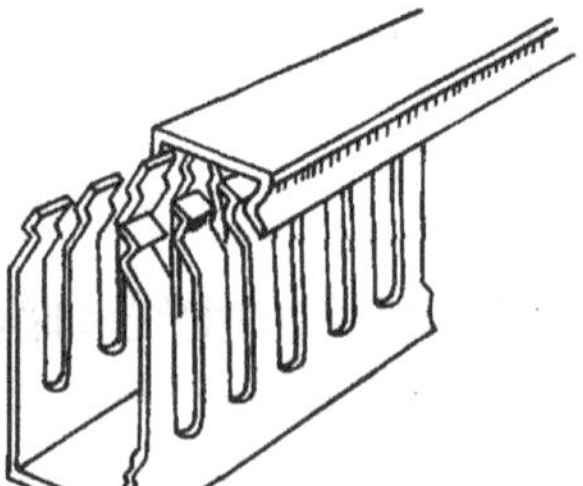

图 2-32 塑料穿线槽

(3)暗配线

暗配线又称板后配线,如图 2-33 所示。当各电器元件在配电板上的位置确定后,在每一个电器元件的接线端处钻削出比连接导线外径略大的孔,并在孔中插进塑料套管,即可穿线。

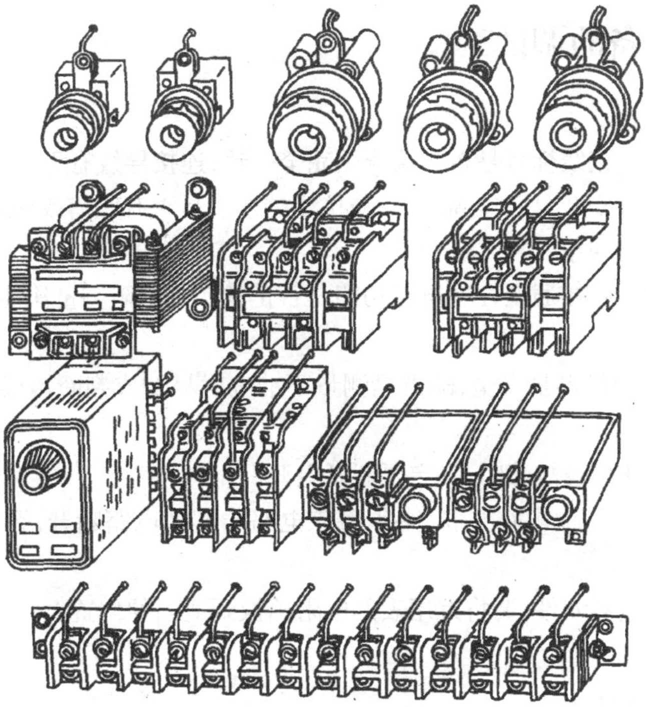

图 2-33　配电板的暗配线

暗配线的优点是配线速度较快,容易长时间保持板面的整洁;缺点是维修时如遇导线磨损或导线管脱落,查对线号较困难。

(4)配电板配线时的注意事项

配电板上导线应配置整齐美观,横平竖直,转弯处尽可能是直角。成排、成束的导线应有线夹固定在配电板上。

明配线时,配电板上的导线不应妨碍电器元件的拆卸。

连接线的两端应根据电气原理图或接线图套上相应的线号。线号的印制方法有:用压印机在异型塑料管上压出线号;将数字或字母印在白色塑料套管上;有时也采用人工书写的方法来制成线号,此时除了书写要端正、清晰外,还应保证线号能长时间不消失。在线端上套(或贴)号码时,要遵循制图标准。

在聚氯乙烯软管上书写线号的药水,可用环己酮和龙胆紫调和而成的墨水,也可用 300 mL 的二氯乙烷(或二氯乙烯)加 2 g 龙胆紫(或 3.5 g 苯胺黑)调和后再滴入 30 滴冰醋酸而成。书写完毕后,可适当加温,以防止字迹模糊、消失。

根据两端接线端子的要求,将削去绝缘的导线线头按螺栓拧紧方向弯成圆环或直接压上,多股线压头处应烫上焊锡。

在同一接线端子上压两根以上不同截面导线时,大截面导线放下层,小截面导线放上层。

所有压接螺栓需配置镀锌的平垫、弹簧垫,并要牢固压紧,防止松动。

接线完毕,应根据接线图或原理图,仔细检查各元器件与接线端子之间及它们相互之间的接线是否正确。

2.5.2 电气设备的调试

1. 不通电自检

①核对接线桩的接线标号是否与接线图完全一致,连接导线有无接错或漏接。

②检查各元器件安装是否牢固,线头与接线桩连接是否有脱落或松动,标号牌有无漏套或书写不清或装倒等现象。

③检测主电路是否接通及控制电路功能是否正常。用电阻测量法能迅速有效地找出故障的原因。

④电阻测量法的优点是安全,缺点是测量不准确时易造成判断错误。为此应注意下述几点:

a. 用电阻测量法检查故障时,一定要断开电源;

b. 所测量电路与其他电路并联,必须将该电路与其他电路断开,否则所测量电阻值不准确;

c. 测量高电阻电器元件,要将万用表的电阻挡扳到适当的位置上。

2. 一般检验与试车

(1)试车前的检查

检查内容如下所述。

①用绝缘电阻表对电路进行测试,检查元器件及导线绝缘是否良好,有无相间或相线与底板之间短路现象。

②用绝缘电阻表对电动机及电动机引线进行对地绝缘测试,检查有无对地短路现象。断开电动机三相绕组间的连接头,用绝缘电阻表检查电动机引线间是否绝缘,检查有无相间短路现象。

③用手转动电动机转轴,观察电动机转动是否灵活,有无噪声及卡住现象。

④断开交流接触器下接线端上的电动机引线,接上启动和停止按钮。在电气柜电源进线端通上三相额定电压,按启动按钮,观察交流接触器是否吸合,松开启动按钮后能否自保持住,然后用万用表交流 500 V 挡量程测量交流接触器下接线端有无三相额定电压,是否断相。如果电压正常,按停止按钮,观察交流接触器是否能断开。一切动作正常后,断开总电源,将交流接触器下接线端上的电动机引线复原。

(2)试车

试车步骤如下。

①合上总电源开关。

②左手手指触摸启动按钮,右手手指触摸停止按钮。左手按压启动按钮,电动机启动后,注意监听和观察电动机有无异常响声及转向是否正确。如果有异常响声或转向不对,应立即按停止按钮,使电动机断电。断电后,电动机依靠惯性仍旧在转动。此时,应注意异常响声是否还有,如仍有,可判定是机械部分发生故障;如无,可判断是电动机电气部分故障发出的噪声及转向异常。电动机转向不对,可将接线盒打开,将电动机电源进线中的任意两相

对调即可。

③再次启动电动机前，用钳形电流表卡住电动机三根引线中的一根，测量电动机的启动电流。电动机的启动电流一般是额定电流的 5~7 倍。测量时，钳形电流表的量程应超过这一数值的 1.2~1.5 倍，否则容易损坏钳形电流表，或测量不准确。

④电动机启动并转入正常运行后，用钳形电流表分别依次卡住电动机的三根引线，测量电动机的三相电流是否平衡，空载电流和负载电流是否超过额定值。

⑤如果电流正常，使电动机运行 30 min，运行中应不断进行测试。对于电动机的外壳温度，应检查长时间运行中的温升是否太高或太快。

2.6　电气设备维修

2.6.1　电气设备的日常维护

为了保证各种电气设备的安全运行，必须坚持经常性的维护保养。电气设备的维护一般包括：正确选用熔断器的熔体；注意连接导线有无断裂、脱落，绝缘是否老化；检查接触器的触头接触是否良好，热继电器的选择是否恰当；经常清理电器元件上的油污和灰尘，特别要清除铁粉等具有导电性能的物质，并定期对电动机进行中修和大修等。雨季要防止绝缘受潮漏电。维护时，还必须注意安全，电气设备的接地或接零必须可靠。

通过日常维护，既能减少故障的发生，又能及时发现隐藏着的故障，从而防止故障的扩大。电气设备日常维护的对象一般包括电动机、控制电气柜（包括接触器、继电器及保护装置）和电气线路。维护时应注意以下几点。

①当用机床加工零件时，金属屑和油污易进入电动机、控制电器柜和电气线路中，造成电气绝缘电阻下降，触头接触不良，散热条件恶化，甚至造成接地或短路。因此，要经常清扫电器柜内部的灰尘和油污。

②维护检查时，应注意电器柜内的接触器、继电器等所有电器的接线端子是否松动或损坏，接线是否脱落等。

③检查电器柜内的各电器元件和导线是否有浸油或绝缘破损的现象，并进行必要的处理。

④为保证电气设备各保护装置的正常运行，维护时不准随意改变热继电器、低压断路器的整定值；更换熔体时，必须按要求选配，不得过大或过小。

⑤加强在高温、雨季、严寒等季节对电气设备的维护和检查。

⑥定期对电动机进行小修和中修检查。

2.6.2　电气设备的常见故障分析和检修

各种电气设备在运行中可能发生各种故障，严重的还会引起事故。这些故障主要分为两大类：一类是有明显的外表特征并容易被发现的（如电动机的绕组过热、冒烟，甚至发生焦臭味或产生火花等),在排除这类故障时,除更换损坏了的电动机绕组或线圈外,还必须找出和排除造成上述故障的原因;另一类是没有外表特征的(如在控制电路中由于元器件调整不当、动作失灵或小零件损坏及导线断裂等原因引起的),这类故障在机床电路中经常碰到,由于外表没有明显的特征,常需要用较多的时间去寻找故障的原因,有时还需运用各类测量仪表和工具才能找出故障点,进行调整和修复,使电气设备恢复正常运行。因此,找出故障点是机床电气设备检修工作中的一个重要步骤。

电气设备发生故障后,一般检查和分析方法如下。

1. 检修前的调查研究

①看。熔断器内熔体是否熔断,其他电气元件有无烧毁、发热、断线,导线连接螺钉是否松动,有无异常的气味等。

②问。发生故障后,向操作者了解故障发生的前后情况,有利于根据电气设备的工作原理来判断发生故障的部位,分析产生故障的原因。一般询问项目是:故障是经常发生,还是偶尔发生,有哪些现象(如响声、冒火、冒烟等);故障发生前有无频繁启动、停止、过载,是否经过保养检修等。

③听。电动机、变压器和有些电器元件在正常运行时的声音和发生故障时的声音有无明显差异,听它们的声音是否正常,可以帮助寻找故障部位。

④摸。电动机、变压器和电磁线圈等发生故障时,温度显著上升,可切断电源用手去摸一摸。

看、问、听、摸是寻找故障的第一步,有些故障还应作进一步检查。

2. 根据电气原理图分析检查故障范围

如机床电气设备发生故障后,为了能根据情况迅速找到故障位置,就必须熟悉机床的电气线路。一台机床的电气线路中任何一个电器元件的损坏或任何一根连接导线的断裂脱落都会造成故障。不同的故障原因有时会出现相似的故障现象;同一种故障原因在不同情况下有时会出现不同的故障现象。因此,要做到有目的地检查故障,并能正确地判断和迅速排除故障,就必须了解整台机床电气线路的工作原理。

3. 确定故障发生的范围

从故障现象出发,按线路工作原理进行分析,便可判断故障发生的可能范围,以便进一步分析找出故障发生的确切部位。

4. 进行外表检查

在判断出故障可能发生的范围后,在此范围内对有关电器元件进行外表检查,常能发现故障的确切部位。例如,接线头脱落、触头接触不良或未焊牢、弹簧断裂或脱落以及线圈烧坏等,都能明显地表明故障点。

5. 试验控制电路的动作顺序

经外表检查未发现故障点时,可进一步检查电器元件动作情况。查看线路中各继电器、接触器相关触头是否按规定顺序动作;若不符合规定,则说明与此电器有关的电路存在问题,再在此电路中进行逐项分析和检查,一般便可发现故障。检查时常用一段导线以逐段短接来缩小故障范围,但必须注意人身及设备安全。要遵守安全操作规程,不得随意触动带电部分,要尽可能切断电动机主电路电源,只在控制电路带电的情况下检查;如需电动机运转,则应使其在空载下运行,避免机床运动部分因误动作而发生撞击;要暂时隔断有故障的主电路,以免故障扩大,并预先充分估计到局部线路动作后可能发生的不良后果。

6. 利用仪表器材检查

利用各种电工测量仪表对电路进行电阻、电流、电压等参数的测量,以此进一步寻找或判断故障,是电器维修工作中的一项有效措施。如利用万用表、钳形表、绝缘电阻表、验电器等仪表来检查线路,能迅速有效地找出故障原因。下面介绍几种常用的方法。

(1)电压测量法

在检查电气设备时,经常用测量电压值来判断电器元件和电路的故障点,检查时把万用表扳到交流电压 500 V 挡位上。

(2)短接法

机床电气设备的常见故障为断路故障,如导线断路、虚连、虚焊、触头接触不良、熔断器熔断等。对这类故障,除用电压法和电阻法检查外,还有一种更为简便可靠的方法,就是短接法。检查时,用一根绝缘良好的导线将可能发生断路的部位短接,如短接到某处,电路接通,说明该处断路。

7. 逻辑分析法

对于复杂的控制线路,必须很好地分析研究系统原理,采用逻辑分析方法,根据控制系统的工作原理、控制环节的动作程序以及它们之间的逻辑关系,结合故障现象进行具体分析,不断缩小故障可能发生的范围,迅速判断故障所在。当故障可能发生的范围较大时,还可对中间环节进行分析和试验,这将使故障范围大大缩小,加快查出故障的速度。

2.6.3　电气线路常见故障分析及维修

由于生产机械设备的种类繁多,各自的结构及运动形式不同,对电气控制线路的要求和设计方法各异,加上设备在生产运行过程中受到负载的变化、工作环境的变化、电气设备和电器元件的磨损等诸多因素的影响,所以电气线路所发生的故障也不是千篇一律的,即使对同一个故障现象,究其原因有时也各不相同。因此,在电气线路的故障分析及维修过程中,没有完全现成的方法可以套用。但是,再复杂的控制线路也都是由一些最基本的控制单元电路组成。只要掌握了基本控制电路的动作原理和前面介绍过的电气设备和低压电器发生故障的一般规律及处理方法,在能读懂一般电气控制线路图的基础上,运用理论与实际相结合的灵活方法来分析与处理实际问题,就能比较容易地找出发生故障的部位和故障原因,并加以排除。

按故障范围一般电气线路故障分为局部故障和整体故障。

1. 电气线路局部故障的分析及修理

电气线路常见的局部故障有:某单个电动机(或用电器)不能启动或失去控制,通常表现为设备的某一运动部件不能动作或动作失灵。其分析和处理的一般过程如下。

(1)检查主电路

用试电笔或万用表的电压挡(分清交流、直流)检查控制该电动机(或用电器)的主电路电源电压是否正常。

①若电压不正常,应检查主电路上熔断器的熔体是否熔断,当发现熔体熔断时,按熔断器的故障分析及处理方法进行修理。

②若电源电压正常,再检查主电路上热继电器是否因电动机过载而动作后未能复位,按下复位按钮,再试启动电动机。若发现控制主电路的接触器不动作,则进行下一步。

(2)检查控制(辅助)电路

主电路上某接触器不动作,故障点常发生在该接触器的控制支路上。

①检查控制变压器的输出电压是否正常,若不正常,应检修或更换控制变压器。

②检查控制电路上熔断器的熔体是否熔断。

③检查该控制支路上串联的接触器的电磁线圈及各电气元件的触点是否连通。

④检查启动按钮是否正常。

检查过程中若发现问题,应按低压电器常见故障的分析和修理方法进行处理,直到接触器能动作为止。若电动机仍不能启动,则应进行下一步。

(3)返回主电路

①检查接触器主触头闭合是否良好,断电时是否有火花。

②检查热继电器接线桩是否拧紧或发热元件是否变色。

③检查电动机接线端是否良好或内部绕组是否有断路现象。

2. 电气线路整体故障的分析及修理

电气线路的整体故障一般表现为整台机器的各个电气设备都不能启动或动作失常。其分析和处理的一般过程如下。

(1)检查主电路的公共通道

①检查设备电源引进接线端的电压是否正常。

②检查电源引进组合开关工作是否正常。

③检查主电路公共通道上熔断器的熔体是否熔断。

④检查主电路公共通道上接触器动作是否正常。

若检查过程中未发现问题,则进行下一步。

(2)检查控制电路的公共通道

①检查控制变压器输出电压是否正常。

②检查控制电路的公共通道上熔断器的熔体是否熔断。

③检查控制电路的公共通道上串联的接触器线圈和所有电器的触头是否连通(包括机、电和液压连锁部分)。

④检查有关中间继电器的动作是否正常。

⑤检查过程中若发现问题,应按低压电器常见故障的分析和修理方法进行处理。

在分析和处理电气线路故障的过程中,应特别注意电气控制系统与机械系统、液压系统之间的配合关系。有些设备的机械系统、电气系统、液压系统之间的配合十分密切,其电气线路的正常工作往往与机械系统、液压系统的正常工作是分不开的。

电气控制线路故障的分析与修理是一门综合性和实践性很强的技术。要求修理人员通过对历次故障的分析和检修,采用积极有效的措施,防止再次发生类似的故障。

第三章　照明及电器安装

3.1　照明及电器安装工艺要求

3.1.1　电路敷设工艺

1. 导线的种类

绝缘导线的种类很多，常用的绝缘导线的种类及用途如表 3-1 所示。

表 3-1　常用绝缘导线的种类及用途

型号	型号	主要用途
BX	铜芯橡皮线	固定敷设用
BV	铜芯聚氯乙烯塑料线	
BVV	铜芯聚氯乙烯绝缘、护套线	
RVS	铜芯聚氯乙烯软线	灯头和移动电器设备的引线
RVB	铜芯聚氯乙烯平行软线	
AV，AVR，AVV	塑料绝缘安装	电气设备安装
KVV，KXV	控制电缆	室内敷设
YQ，YZ，YC	通用电缆	连接移动电器

例如，“RV—1.0”表示标称截面积为 1.0 mm^2 的铜芯聚氯乙烯塑料软导线。

2. 电路敷设工艺及注意事项

设计电路时灯具、插座必须分组控制；空调插座与普通插座必须分组控制；灯具视情况而定：客厅、卧室、书房、厨房应分组控制，灯具中组合吊灯、筒灯等视情况在开关处分组控制。敷设导线的线径大小按电器的功率来测算，空调、浴霸、电热水器、冰箱等大功率电器的线路必须在开关箱中单独放到位置。施工和验收时注意如下。

①电路设计时要求选择适当配管，管间连接紧密，管口光滑，护口齐全，盒（箱）位置设置正确，固定要可靠，尽量少用弯头、三通等转弯、分支管件。

②强、弱电路必须各穿一根管，电气管路与冷热水管不得走同一根管槽，冷热水管应留不小于 3 cm 的间隙，吊顶敷设管线应用管卡、线卡固定牢靠。

③所有线路敷设必须横平竖直，严禁蛛网式分布。敷设线路时，严禁出现扭绞、死弯、绝缘层损坏、护套层损坏、护套断裂等缺陷，严禁直接将导线埋入抹灰层等碱性材料内。若施

工中电路出现损伤，必须重新更换线路。

④如果大功率电器使用截面积偏小的导线，往往会造成导线过热、发烫，甚至烧熔绝缘层，引发电气火灾或漏电事故。因此，在电气安装中，选择合格、适宜的导线截面积非常重要。

3.1.2　照明灯具安装工艺要求

安装照明灯具的最基本要求是必须牢固、平整、美观。室内安装壁灯、床头灯、台灯、落地灯、镜前灯等灯具时，灯具的金属外壳均应接地，以保证使用安全。

①安装前，应检查有无机械损伤、变形、油漆剥落和灯罩破裂等缺陷，根据装配图检查灯具及其配件是否齐全，否则不能安装。

②根据灯具的安装场所及用途，引向每个灯具的导线线芯最小截面积应符合有关规程及规范的规定。

③灯具不得直接安装在可燃物件上，当灯具表面高温部位靠近可燃物时，应采取隔热、散热措施。室外安装的灯具，其距地面的高度不宜小于 3 m；墙上安装的灯具，其距地面的高度不应小于 2.5 m。

④日光灯及其附件应配套使用，安装位置应便于检查和维修。

⑤灯具固定应牢固可靠。每个灯具固定用的螺钉或螺栓不应少于 2 个；当绝缘台直径为 75 mm 及以下时，可采用 1 颗螺钉或螺栓固定。

3.1.3　开关电器安装工艺要求

拉线开关距地面的高度为 2~3 m，距门口的距离为 150~200 mm，且拉线的出口应向下。而扳把开关距地面的高度为 1.4 m，距门口的距离为 150~200 mm；开关不得置于单扇门后。暗装开关的面板应端正、严密并与墙面平齐。开关位置应与灯具位置相对应，同一室内开关方向应一致。

成排安装的开关高度应一致，高低差不大于 2 mm，暗盒之间的间距为 10 mm。拉线开关相邻间距一般不小于 20 mm。卫生间等潮湿场所和户外应选用防水开关或加装保护箱。明线敷设的开关应安装在不少于 15 mm 厚的绝缘台上。

开关插座安装的位置示意图如图 3-1 所示。

3.1.4　电器插座安装工艺要求

①插座必须按照规定接线，按照导线的颜色对号入座，相线要接在规定的接线柱上（标注有“L”字母），220 V 电源进入插座的规定是“左零右相”。

②单相三孔插座最上端的接地孔一定要与接地线接牢、接实、接对，绝不能不接。零线与保护接地线切不可错接或接为一体。

③接线一定要牢靠，相邻接线柱上的电线要保持一定的距离，接头处不能有毛刺，以防短路。

④安装单相三孔插座时，必须是接地线孔装在上方，相线零线孔在下方。单相三孔插座不得倒装。

⑤插座的额定电流应大于所接用电器负载的额定电流。

⑥卫生间等潮湿场所不宜安装普通型插座，应安装防溅水插座。

插座安装位置如图 3-1 所示。

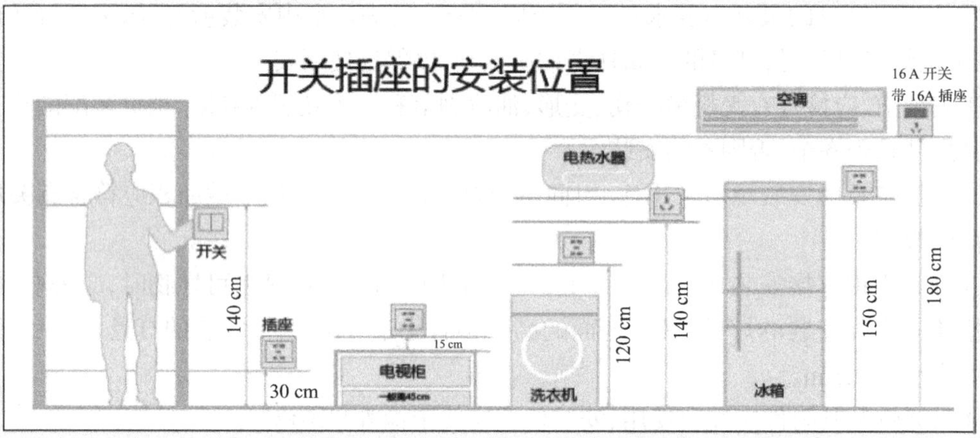

图 3-1　开关插座安装位置示意图

3.2　照明及电器电路设计基础

3.2.1　照明及电器电路设计整体流程与原则

照明电路整体流程如图 3-2 所示。

原则是要求不准违背操作规程进行施工。临时用电应符合《建设工程施工现场供用电安全规范》(GB 50194—2014)的要求。一般情况下不带电作业；使用仪表或试电笔检查确认无电后方可进行工作并应在相应的开关或配电柜上挂上告示牌。若必须带电作业时，则必须做好安全措施并按操作顺序进行操作。注重防火安全，电气防火应符合《住宅装饰装修工程施工规范》(GB 50327—2001)中的有关规定要求。

设计及施工要满足 GB 50096—2011《住宅设计规范》电气部分的相关标准，简要介绍如下。

①每套住宅的用电负荷因套内建筑面积、建设标准、采暖（或过渡季采暖）和空调的方式、电炊、洗浴热水等因素而有很大的差别。该规范仅提出必须达到的下限值。

施工前的检测与准备
↓
技术交底与定位
↓
电路改造材料计划及材料验收
↓
开槽
↓
底盒安装
↓
布线、布管
↓
电路改造工程量核对
↓
电路图绘制
↓
封槽
↓
开关、插座面板及辅料计划
↓
灯具安装
↓
开关、插座面板安装

图 3-2 照明电路整体流程

②住宅供电系统设计的安全要求。在 TN 系统(保护接零系统)中,壁挂空调的插座回路可不设剩余电流保护装置,但在 TT 系统(保护接地系统)中,所有插座回路均应设剩余电流保护装置。“总等电位连接”用来均衡电位,降低人体受到电击时的接触电压,是接地保护的一项重要措施。“辅助等电位连接”用于防止出现危险的接触电压。

③为保证安全和便于管理,要满足每套住宅的电源总断路器提出的相应要求。

④为了避免儿童玩弄插座发生触电危险,要求安装高度在 1.8 m 及以下的插座采用安全型插座。

⑤应用于住宅建筑的节能光源的声光控制和应急启动技术也在不断发展和进步。因此,强调住宅公共照明要选择高效节能的照明装置和节能控制。设计中要具体分析,因地制宜,采用合理的节能控制措施,并且要满足消防控制的要求。

⑥为方便居住者安全用电,可参考规定的电源插座的设置数量和部位的最低标准。

⑦住宅建筑信息网络系统的设计要与当地信息网络的现有水平及发展规划协调一致,根据当地公用通信网络资源的条件,决定是否与有线电视或电话通信系统合一。

⑧根据《安全防范工程技术规范》,对于建筑面积在 50 000 mm^2 以上的住宅小区,要根据建筑面积、建设投资、系统规模、系统功能和安全管理要求等因素,设置基本型、提高型、先进型的安全防范系统。对有集中管理的小区,可根据工程具体情况,将呼救信号、紧急报警和燃气报警等纳入访客对讲系统。

⑨门禁系统必须满足紧急逃生时人员疏散的要求。

3.2.2 照明及电器电路设计规则

总开关应根据使用电器的总功率来选择，而总功率是各分路功率之和的0.8，即总功率为

$$P_{总}=(P_1+P_2+P_3+\cdots+P_n)\times 0.8$$

总开关承受的电流应为

$$I_{总}=P_{总}\times 4.5$$

分路开关承受的电流为

$$I_{分}=0.8P_n\times 4.5$$

空调回路要考虑到启动电流，其开关容量为

$$i_{空调}=(0.8P_n\times 4.5)\times 3$$

分回路要按功能区域划分。一般来说，分路的容量选择在1.5 kW以下，单个用电器的功能在1 kW以上的建议单列为一分回路（如空调、电热水器、取暖器等大功率家用电器）。

导线截面积的设计：一般铜导线的单位安全载流量为5~8 A/mm^2，如截面积为2.5 mm^{2}的BVV铜导线安全载流量的推荐值为2.5 mm^2 × 8 A/mm^2=20 A。截面积为4 mm^{2}的BVV铜导线安全载流量的推荐值为4 mm^2 × 8 A/mm^2 =32 A。

考虑到导线在长期使用过程中要经受各种不确定因素的影响，一般按照以下经验公式估算导线截面积。

导线截面积（mm^2）=I/4（A）

例如，某单相电能表的额定电流最大值为40 A，则选择导线为I/4=40/4=10，即选择截面积为10 mm^{2}的铜芯导线。

按照国家的有关规定，家装电路应使用铜芯导线，而且应尽量使用较大截面积的铜芯导线。如果导线截面积过小，后果是导线发热加剧，外层绝缘老化加速，易导致短路和接地故障。一般来说，在电能表前的铜芯导线截面积应选择10 mm^{2}以上，家庭内的一般照明及插座的铜芯导线的截面积选择2.5 mm^2，而空调等大功率家用电器的铜芯导线截面积至少应选择4 mm^2。

穿入管内绝缘导线的额定电压不应低于500 V；管内导线不得有接头和扭结，不得有因导线绝缘性不好而增加的绝缘层。用于不同回路、不同电压的导线，或通交流与直流的导线，不得穿入同一根管子内。以下情况例外。

①电压为50 V及以下的回路。

②同一交流回路的导线必须穿于同一根管内。

③照明花灯的所有回路；同类照明的几个回路可穿入同一根管内，但管内导线总数不应多于8根。

管内导线的总面积（包括外护层）不应超过管子内截面积的40%。穿于垂直管路中的导线每超过一定长度，应在管口处或接线盒中将导线固定，以防下坠。

第四章　实习操作

4.1　电工常用工具的使用

1. 电工常用工具

(1)学习常用工具的使用(略)

(2)工具及材料

包括低压验电器(试电笔)、螺钉旋具、钢丝钳、剥线钳、电工刀、导线。

(3)训练步骤

①实验指导教师示范各种电工常用工具的使用方法。

②使用电工工具紧固螺丝、剪切导线、测量带电体。

③切割、安装线槽,设计尺寸应大于 2/3 面板面积。

(4)注意事项

① 使用低压验电器(试电笔)时的安全事项。

② 工具使用完后应放回工具箱。

2. 导线剥削连接和绝缘恢复

(1)训练内容

单股铜芯导线的分支连接及绝缘恢复,塑料铜芯硬导线的直线连接及绝缘恢复。

(2)工具及材料

低压验电器、螺钉旋具、钢丝钳、剥线钳、电工刀、导线。

(3)训练步骤

①剥削绝缘层。

②做单股铜芯导线的分支连接,7 股铜芯导线的直线连接。

③绝缘恢复。

(4)制作电源线和插头

①导线剥削余量要合适。

②电工刀使用要安全。

③安装电源线和插头时,应正确选择导线颜色。

3. 要求

①预习实习指导书。

②列出实习仪器、器材的清单(规格、型号、数量)。

4.2 接触器的拆装与调试

1. 实习目的

掌握接触器的结构和工作原理。

①安装接触器前，应先检查接触器的线圈电压，判定其是否符合实际使用需求；然后将铁芯及面上的防锈油擦净，以免因油垢黏滞而造成接触器线圈断电后铁芯不释放；同时，用手分合接触器的活动部分，检查各触头接触是否良好，是否有卡阻现象。

②安装接触器时，其底面与地面间的倾角应小于5°；安装备选接触器时，应使有孔的两端面放在上下方向，以利于散热。

③接触器的触头不允许涂防锈油，当触头表面因电弧作用而形成金属小珠时，应及时通过锉削方法将其除掉；但银及银合金触头表面产生一定的氧化膜，如其接触电阻很小，不必锉修，否则将缩短触头的使用寿命。

2. 实习内容

①熟悉并学会接触器的拆装与调试。

②要求掌握交流接触器的拆装、调试。

③准备要求如下。

a. 工具：电工通用工具一套，包括验电器、旋具（一字形和十字形）、尖嘴钳等。

b. 仪表：万用表。

c. 器材：备选接触器。

3. 实习步骤及要求

①了解交流接触器的特点和使用场合。

②根据图样正确拆装接触器，指出各零部件的名称。重点是按步骤正确拆装，而且要做到分开摆放。

③装配并恢复零部件的完整性，用万用表检查各接触点的通断情况。如出现受损零部件，应予以修理或更换。

④要求交流接触器触头的导电性和接触必须良好。首先检测动断触头，可用万用表电阻挡的 ×10 或 ×100 挡位进行检测，电阻值应为0。在检测动合触头时，用工具压下动铁芯，同样用万用表电阻挡的 ×10 或 ×100 挡位进行检测，电阻值也应为0。检测线圈时，万用表显示一定的阻值，阻值的大小与线圈的匝数有关，且线圈的匝数与阻值成正比，这也是判断线圈质量好坏的一种方法。

⑤在检测触头时，触头应保持较高的光洁度，这是减小电弧产生最有效的方法之一。当触头表面出现氧化物或其他污物时，可使用工具予以清除。

⑥注意事项如下。

a. 在检查零部件前，对于万用表电阻挡量程的选择，应按照万用表的要求进行合理选用。

b. 拆装时，注意各零部件不要丢失，而且要记住零部件的拆卸顺序，以便于恢复。

c. 安装好交流接触器的短路铜环，以避免产生振动和噪声。

d. 交流接触器的衔铁与弹簧应安装正确，以避免磨损或造成触头接触不良。

e. 反作用弹簧、缓冲弹簧、触头压力弹簧片的压力一定要调整好，避免触头过热。

f. 自检工作完毕后，经实习指导教师检查合格后，方可通电试运行。

g. 实习应在规定的时间内完成，同时要做到安全操作。

4. 要求

①预习实习指导书。

②列出实习仪器、器材的清单（规格、型号、数量）。

4.3　电能质量分析仪的使用

1. 实习目的

①了解电能质量分析仪的外形及功能。

②学习电能质量分析仪的使用方法。

③学会测量及数据分析。

2. 操作流程

实习主要以 HDGC3550 三相电能质量分析仪作为教学工具。

（1）仪器使用中严格按照操作流程进行

开启仪器电源→接好仪器端测试线→接电能表端测试线及钳表→设置检验参数→校验→拆除电能表端测试线→关闭仪器→拆除仪器端测试线。

注：钳表“+”为电流进、“-”为电流出，钳表中间颜色代表相别（黄 -A 相，绿 -B 相，红 -C 相）。

（2）接线

在测三相三线电能表时，仪器的 U_a、U_c、U_0 电压端子分别接入所测电能表 U_a、U_c、U_0，仪器 A、C 相钳表带航空插头一端接仪器并拧紧，另一端钳表接至对应相的电流线（B 相的电压线）上、钳表不要接到仪器上；脉冲输入装置接入电能表光电插座。如图 4-1 所示。

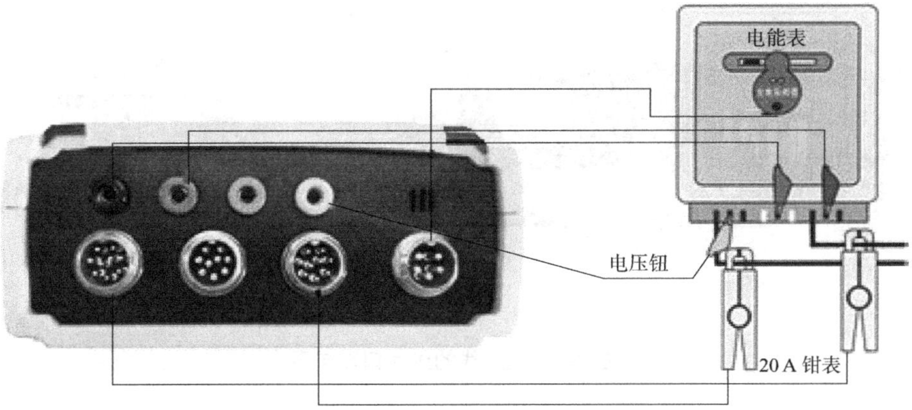

图 4-1　校验三相三线制电能表接线示意图

（3）校验三相四线制电能表接线方法

在测三相四线制电路时，仪器的 U_a、U_b、U_c、U_0 电压端子分别接入所测电能表 U_a、U_b、U_c、U_0；仪器 A、B、C 相钳表接入电能表 I_a、I_b、I_c；脉冲输入装置接入电能表光电插座。如图 4-2 所示。

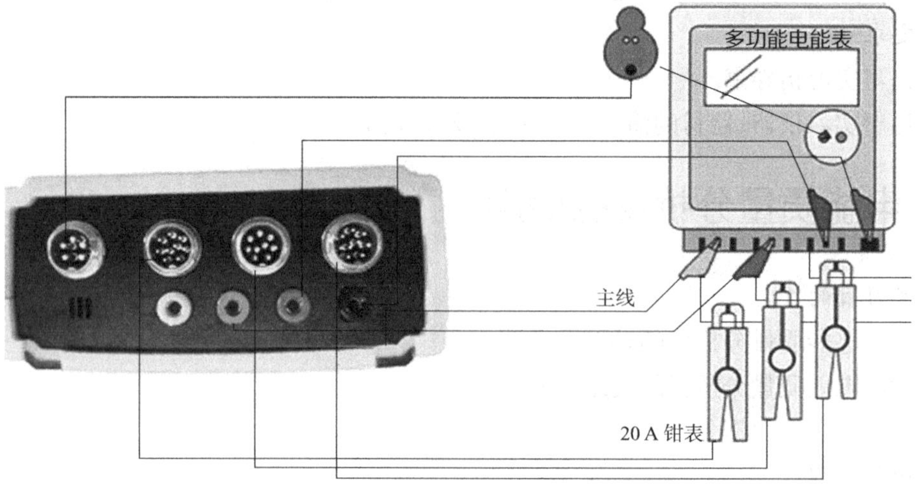

图 4-2 校验三相四线制电能表接线示意图

（4）校验单相电能表接线方法

任选仪器 U_A、U_B、U_C 相电压端一相接入所测电能表“火”线，U_0 接入“0”线；任选 U_A、U_B、U_C 相电流钳表中一支夹到电能表电流线；脉冲输入装置接入电能表光电插座。

注意如下：

①如图 4-3 所示，当仪器从火线的进线口取电压时，钳表应接到火线出线上，否则会影响校验误差准确度；

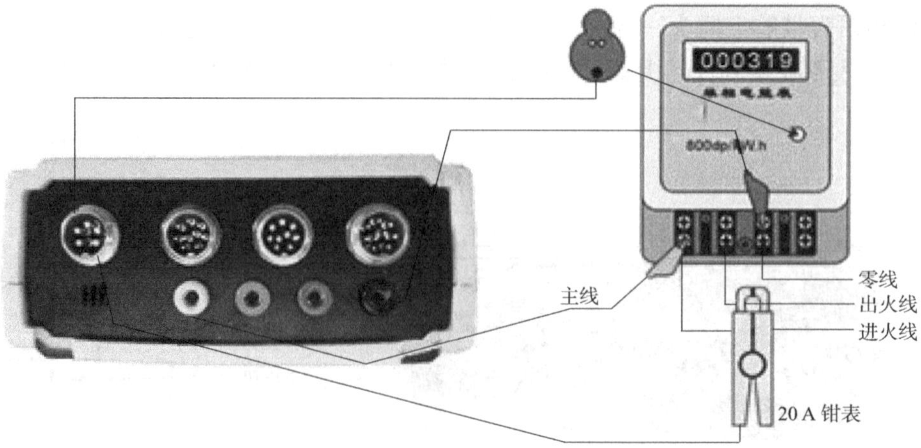

图 4-3 从火线的进线口取电压

②如图 4-4 所示，当仪器从火线的出线口取电压时，钳表应接到火线进线上，否则会影

响校验误差准确度。

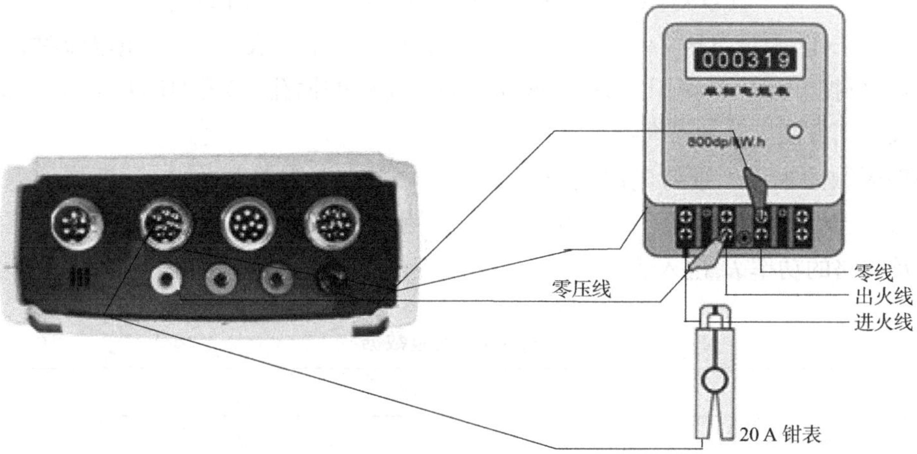

图 4-4　从火线的出线口取电压

3. 仪器设备

①单相电能表 1 台。

② HDGC3550 三相电能质量分析仪 1 台。

③ LED 灯组件 1 套。

④调压器 1 台。

4. 实习步骤

(1)接线

①检查 LED 灯组件。

②接线。断开调压器的输入电源,按 LED 灯实验电路接线。接线前插上 LED 灯,检查灯座接触是否良好,排除灯座接触不良的故障。将调压器手柄置于零位,合上开关。LED 灯实验电路如图 4-5 所示。

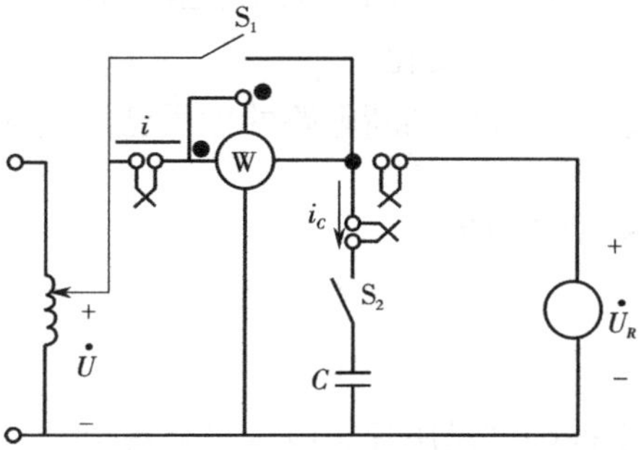

图 4-5　LED 灯实验电路

③试通电。经实验指导教师检查,确认接线无误后,合上调压器输入电源,转动调压器手轮,逐步升高其输出电压,观察 LED 灯点亮过程。如出现故障,断电并进行故障检查,排除故障。

（2）数据测量

如图 4-5 所示，LED 灯点亮后，将调压器的输出电压调到 LED 灯的额定电压 220 V，使日光灯正常工作，测量电压 U、U_L、U_R，电流 I_L 及功率 P，记入表 4-1。测量电流时，先选择好电流量程，再接好测量电流用插头，将该插头插入相应的插孔，参考 HDGC3550 三相电能质量分析仪使用方法。

功率因数的提高。维持电源电压为 220 V，合上电容支路开关 S_2，逐渐增加电容量 C，使电路由电感性变到电容性。每改变电容一次，测出日光灯电路 U、U_L、U_R 各电压，各电流 I_L、I_C、I 及电路的功率 P，记入表 4-1。

表 4-1　实验数据

项目	测量数据								计算数据
	U	C	U_L	U_R	I	I_L	I_C	P	$\cos\phi$
不接电容器									
较小电容、感性									
较大电容、感性									
较大电容、容性									

（3）要求

①预习 HDGC3550 三相电能质量分析仪的工作原理。

②预习功率表、单相调压器的使用方法。

③列出实习仪器、器材的清单（规格、型号、数量）。

（4）问题讨论

①根据实验数据说明，对感性电路并联电容提高功率因数而言，是否并联的电容越大越好？

②并联电容提高功率因数后，负载支路的电压、电流与功率是否改变？为什么？电路的总电流如何变化？电路的功率是否有变化？

③在增加并联电容的过程中，如何判断电路的性质已由电感性转变为电容性？

4.4　室内照明设计及安装

1. 实习目的

①通过电工技术实习，掌握国家民用建筑电气设计规范。

②通过电工技术实习，基本掌握室内照明设计原理及标准。

③通过电工技术实习，基本掌握室内照明安装技术规范的要点。

2. 设计依据

①中华人民共和国行业标准《民用建筑电气设计规范（JGJ 16—2008）》。

②《电气工程与电子工艺实践教程》。

3. 居室内的平面照明、插座、开关电路原理图设计

平面照明、插座、开关电路原理图如图 4-6 所示。

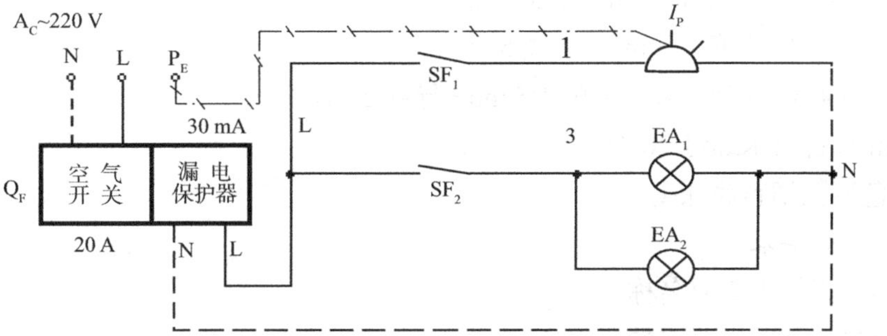

图 4-6　平面照明、插座、开关电路原理图

4. 居室内的平面图照明、插座、开关安装图设计

照明、插座、开关器件安装图如图 4-7 所示。

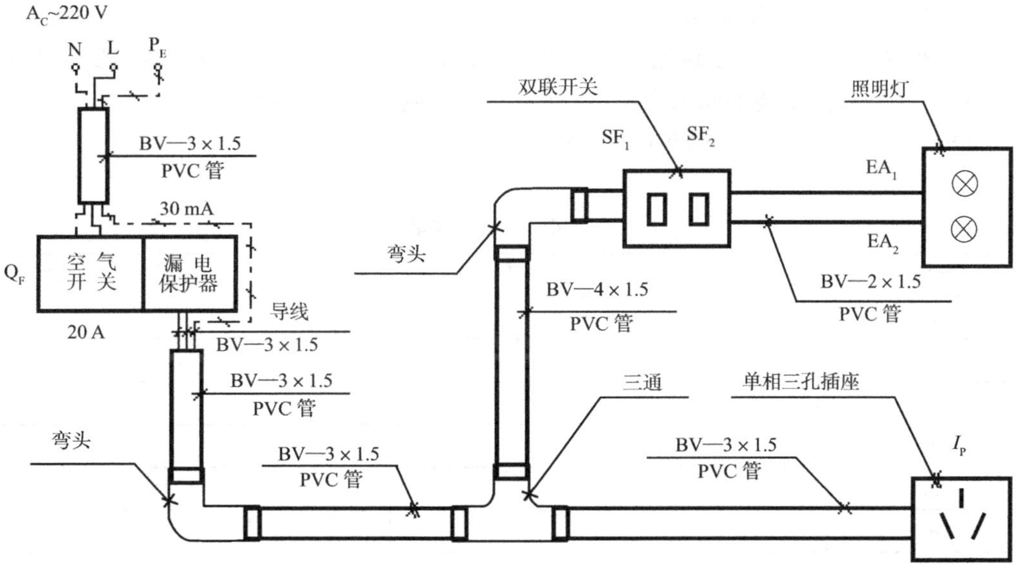

图 4-7　照明、插座、开关器件安装图

注意:空气开关安装在实验装置网孔的导轨上,导线穿ϕ15 PVC 管,分支使用 1 个三通、2 个弯头以及 PVC 管支架 10 个。

5. 主要材料

①带漏电保护器空气开关 1 个。

②双联开关 1 个(带安装底盒)。

③照明灯盒 1 个,指示灯泡 2 个。

④插座 1 个(带安装底盒)。

⑤ϕ15 PVC 管 3 m。

⑥ϕ15 PVC 管的弯头 2 个。

⑦ϕ15 PVC 管的三通 2 个。

⑧ϕ15 PVC 管的支架 10 个。

⑨ VB—500 V，红色 1.5 mm^2 导线 5 m。

⑩ VB—500 V，蓝色 1.5 mm^2 导线 5 m。

⑪VB—500 V，接地 - 黄 / 绿色 1.5 mm^2 导线 5 m。

⑫2 cm 长自攻木螺钉 20 个。

⑬ 蓝色网孔塑料底涨塞 30 个。

6. 实习报告要求

①写出电工技术实习名称。

②写出电工技术实习目的。

③写出照明安装技术规范的具体要求、步骤和检验标准。

④画出平面照明、插座、开关电路原理图。

⑤画出平面照明、插座、开关电路安装图，如图 4-8 所示。

⑥画出导线连接的示意图。

⑦根据所学习的民用建筑电气设计规范、标准，设计并画出学生本人家庭实际照明、插座用电的实际原理、安装平面示意图（起居室、餐厅、厨房、卫生间等）。

⑧列出实习主要材料的清单（表 4-2）。

表 4-2　材料清单

序号	名称	型号、规格	数量	备注
1				
2				
3				
4				
5				
6				
7				
8				
9				

⑨列出实习的主要工具清单（表 4-3）。

表 4-3　工具清单

序号	名称	主要作用	如何使用
1			
2			

续表

序号	名称	主要作用	如何使用
3			
4			
5			
6			

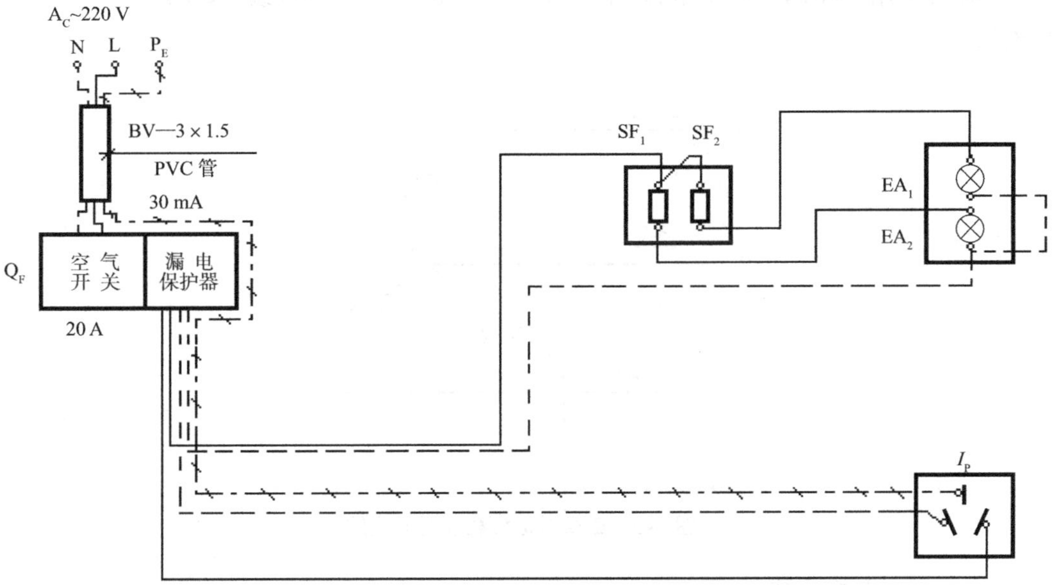

图 4-8　照明接线示意图

7. 问题讨论

①在室内照明线路安装的过程中应注意哪些环节才能保证安装质量?

②在安装照明灯具时,应当怎样操作才能保证安装质量?

8. 要求

①预习实习指导书。

②列出实习仪器、器材的清单(规格、型号、数量)。

4.5　星形负载的三相电路及功率测量

1. 实习目的

①熟悉三相负载作星形联结时的接线方法。

②研究三相对称电路的线电压和相电压、线电流和相电流的关系。

③了解三相四线制电路中中性线的作用。

④学习三相电路有功功率的测量方法。

2. 实习原理

(1)星形对称负载

三相对称负载的星形联结如图 4-9 所示。当电源和负载都对称时,不论采用三相四线制(有中性线)或三相三线制(无中性线)供电,负载上的线电压 U_L 和相电压 U_P,线电流 I_L 和相电流 I_P 之间的关系如下。

$$U_L = \sqrt{3}\, U_P$$

$$I_L = I_P$$

这时若采用三相四线制供电,因中性线电流为 0,可省去中性线,如星形联结三相电动机电路。

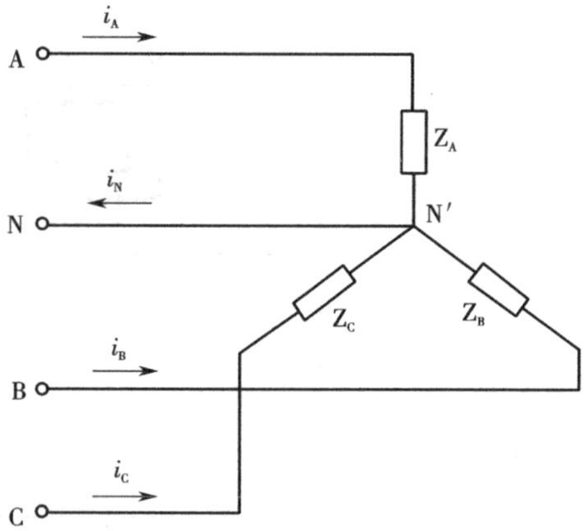

图 4-9 三相对称负载的星形联结

(2)星形不对称负载

当电源对称、负载不对称时,若采用三相四线制供电,此时三相电流不对称,中性线不可省略,如三相照明电路。当中性线出现故障而开路时,电路为三相三线制供电,负载上的各相负载电压不再相等。这时,电压高的相将使负载过载,电压低的相将使负载无法工作。因此三相不对称负载作星形联结时,必须牢固连接中性线。

本实验用三组相同的白炽灯作为三相负载。由于三相不对称负载作星形联结时,各相负载承受的电压不相等,有的白炽灯上的电压可能超过额定值,因此在实验中需将三相电源的线电压用三相调压器由 380 V 降为 200 V(或选择对应的额定电压白炽灯)。

(3)三相电路功率的测量

在对称的三相交流电路中,可用一只功率表测出其中一相的功率,再乘以 3 就是三相总功率,称为一表法。不对称三相交流电路可用一只功率表测 3 次,然后相加即可。

3. 仪器设备

①操控台 1 个。

②交流电压表(或万用表)1 只。

③交流电流表 1 只。

④三相调压器 1 只。

⑤功率表 1 只。

⑥白炽灯箱 1 组。

4. 实习步骤

①对称负载星形联结。按图 4-10 实验电路接线，经检查无误后，合上电源开关。合 S_A、S_B、S_C，测量对称负载、有中性线（S_N 接通）和无中性线（S_N 断开）时的线电压、线电流、相电压、相电流及中性点间电压（S_N 断开，无中性线时）、中性线电流（S_N 接通，有中性线时）的值，记入实习表 4-4 中。测量电流时使用测量电流用插头。

②调节三相调压器，使实习电路线电压为 200 V。不对称负载星形联结如图 4-10 所示，断开 S_A（A 相少一盏白炽灯），测量不对称负载在有中性线和无中性线两种情况下的各自电压及电流值，记入表 4-4 中。

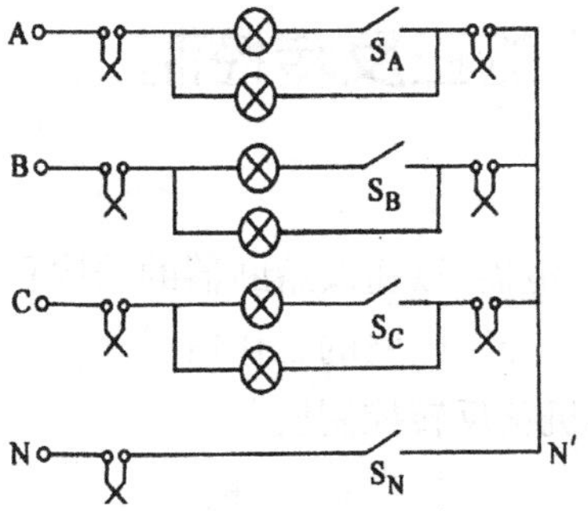

图 4-10　负载星形联结的实验电路

表 4-4　实验数据

测量项目		U_{AB}	U_{BC}	U_{CA}	U_A	U_B	U_C	I_A	I_B	I_C	U_{NN}	I_N
单位												
有中性线	负载对称											
	负载不对称											
无中性线	负载对称											
	负载不对称											

③负载对称时，调节三相调压器，使实习电路线电压为 380 V，按图 4-10 接线。在有中性线时用一表法测三相电路的有功功率值，记入表 4-5。图 4-10 中 A 是电压测试表笔，B 是测量电流用插头。实际测量时，将测量电流用插头插入被测电路的测量电流用插孔。电压测试表笔触及功率表电压线圈“*”端子的接线位置。

表 4-5　实验数据

测量项目	P_A / W	P_B / W	P_C / W	计算 $P=(P_A+P_B+P_C)$ / W
有中性线负载对称				

5. 要求

①预习三相电路的联结方式及电路特点。本次实习中电路换接次数较多,要十分注意接线。换接电路时,要先断开电源。同时,注意防止被白炽灯烫伤。

②理解星形不对称负载无中性线时,要将电源线电压调节为 200 V,以防止负载相电压超过额定值而损坏。

③实习时根据电路的情况进行估算,以选择适当的仪表量程。

④列出实习仪器、器材的清单(规格、型号、数量)。

6. 问题讨论

①为什么在负载不对称星形联结、无中性线时,要将电源线电压由 380 V 降为 200 V?

②本次实习电压较高,应从哪些方面注意安全?

4.6 三相异步电动机的正反转控制

1. 实习目的

①进一步理解接触器、热继电器、按钮及熔断器的结构和作用。

②了解电气控制的主电路和控制电路的工作情况。

③学会连接三相异步电动机正反转控制线路。

④掌握自锁、互锁的概念,学会连接自锁、互锁电路。

2. 实习原理

三相异步电动机正反转双重互锁控制线路如图 4-11 所示。该电路具有按钮和接触器触头构成的双重电气互锁功能,大大地提高了电路的可靠性。

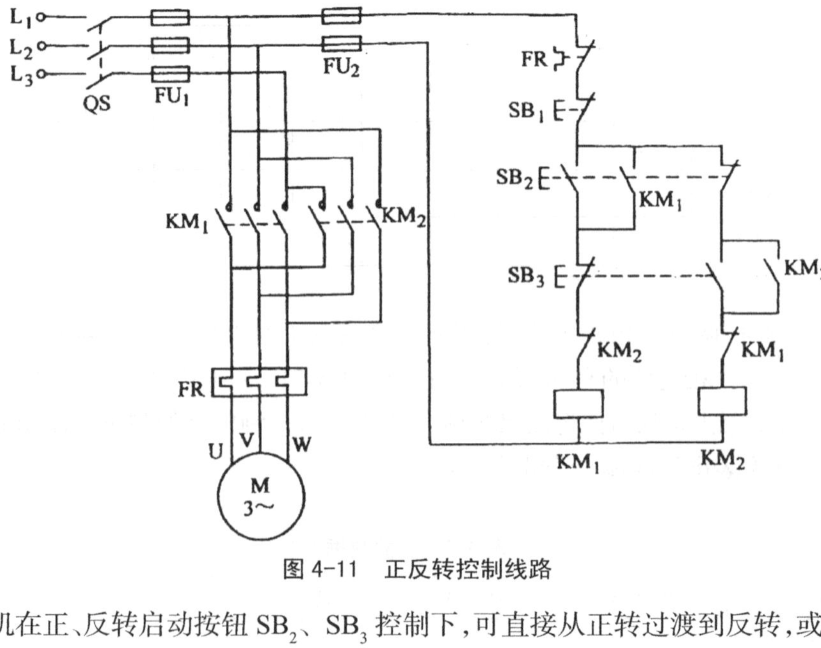

图 4-11 正反转控制线路

电动机在正、反转启动按钮 SB_2、SB_3 控制下,可直接从正转过渡到反转,或从反转直接过渡到正转。这种过渡可以不按停止按钮 SB_1 而直接进行。

3. 仪器设备

①三相异步电动机 1 台。

②交流接触器 2 只。

③开关 3 只。

④熔断器 5 只。

⑤按钮 3 只。

⑥接线端子排（XT_1、XT_2）2 块。

⑦万用表 1 只。

4. 实习步骤

①从图 4-11 上认识本次实验所用电器设备（按图 4-11 安装各电器元件）。

②按图 4-11 正转控制电路和主电路接线，先不连接电动机。检查完毕，确定无误后进行空载试验。先按 SB_2，再按 SB_1，观察接触器 KM_1 的动作情况。如果正常，先切断电源，再接上电动机，重新操作 SB_2 和 SB_1，观察电动机的运转情况。

③按图 4-11 反转控制电路接线，先不连接电动机。检查完毕，确定无误后进行空载试验。先按 SB_2，再按 SB_3，观察接触器 KM_1 和 KM_2 的动作情况。如果正常，先切断电源，再接上电动机，重新操作 SB_2 和 SB_3，观察电动机的运转情况。

5. 要求

①预习三相异步电动机正反转控制线路的工作原理。

②预习自锁、互锁的概念，理解其控制作用。

③当出现电路故障时，如何用万用表来检查故障。

④列出实习仪器、器材的清单（规格、型号、数量）。

第五章　电子工艺基础

5.1　电子元器件识别与检测

电子产品中的各种元器件种类繁多,其性能和应用范围不同。随着电子工业的飞速发展,电子元器件的新产品层出不穷,品种规格十分繁杂。本节只对电阻器、电位器、电容器、电感器、晶体管等最常用的电子元器件作简要介绍,希望能对众多的电子元器件有概括了解。元器件的检测是所有电器维修的一项基本功,如何准确有效地检测元器件的相关参数,判断元器件的连接是否正常,不是千篇一律的,必须根据不同的元器件采用不同的方法,从而判断元器件正常与否。对初学者来说,熟练掌握常用元器件的检测方法和经验很有必要。

5.1.1　电阻元件

电阻器是电子产品中最常用的电子元件,属耗能元件,它在电路中起分配电压、电流的作用,用来负责电阻和阻抗匹配等。

电阻缩写为 R,是导体的一种基本性质,与导体的尺寸、材料、温度有关。欧姆定律说,$I=U/R$,那么 $R=U/I$,电阻的基本单位是欧姆,用希腊字母“Ω”表示,定义为导体上加一伏特电压时,产生一安培电流所对应的阻值为一欧姆。电阻的主要职能就是阻碍电流流过。事实上,“电阻”说的是一种性质,通常电子产品中所指的电阻,是指电阻器这样一种元件。

1. 符号

电阻器在电路图中用字母 R 表示,图 5-1 为电阻器常用符号,图 5-2 是常用电阻的外形图。

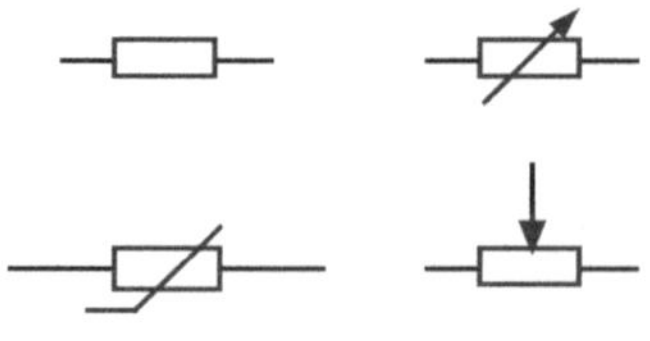

图 5-1　电阻器常用符号

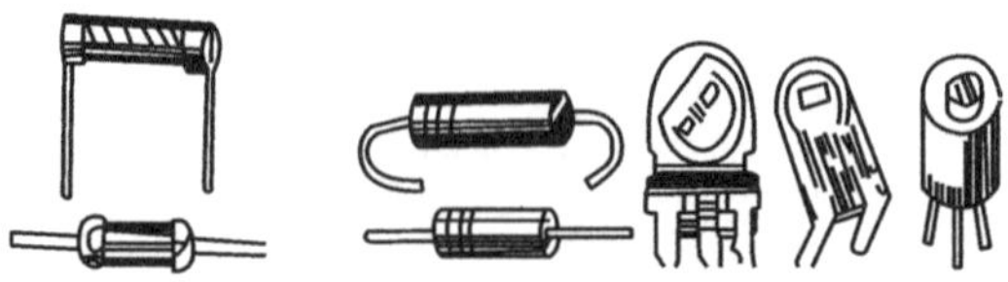

图 5-2　常用电阻的外形图

2. 种类

电阻器的种类很多,通常分为固定电阻、可变电阻、特种电阻三大类。在电子产品中,以固定电阻应用最多。而固定电阻以其制造材料又可分为好多类,常用的有 *R*T 型碳膜电阻、*R*J 型金属膜电阻、*R*X 型线绕电阻,还有近年来开始广泛应用的片状电阻。型号命名很有规律, *R* 代表电阻, T 代表碳膜, J 代表金属, X 代表线绕。在国产老式的电子产品中,常可以看到外表涂覆绿漆的电阻,那就是 *R*T 型的电阻。而红颜色的电阻,是 *R*J 型电阻。一般老式电子产品中,以绿色的电阻居多。

3. 参数

电阻器的主要参数有标称阻值、允许误差(精度等级)、额定功率、温度系数、噪声、最高工作电压、高频特性等。选用电阻器时一般只考虑标称阻值、允许误差和额定功率这三项最主要的参数,其他参数在有特殊需要时才考虑。

(1)标称阻值

电阻器表面所标注的阻值叫作标称阻值。不同精度等级的电阻器,其阻值系列不同。标称阻值是按国家规定的电阻器标称阻值选定的。标称阻值系列见表 5-1,阻值单位为欧姆(Ω)。

表 5-1　电阻器标称阻值系列　(Ω)

标称阻值系列	允许误差	精度等级	电阻器标称值
E6	± 20%	Ⅲ	1.0 1.5 2.2 3.3 4.7 6.8
E12	± 10%	Ⅱ	1.0 1.2 1.5 1.8 2.2 2.7 3.3 3.9 4.7 5.6 6.8 8.2
E24	± 5%	Ⅰ	1.0 1.1 1.2 1.3 1.5 1.6 1.8 2.0 2.2 2.4 2.7 3.0 3.3 3.6 3.9 4.3 4.7 5.1 5.6 6.2 6.8 7.5 8.2 9.1

注:表中数值再乘以 10^n,其中 n 为正整数或负整数。

(2)允许误差

电阻器的允许误差是指电阻器的实际阻值对于标称阻值的允许最大范围,它标志着电阻器的阻值精度。普通电阻器的误差有 +5%, +10%, +20% 三个等级,允许误差越小, 电阻器的精度越高。精密电阻器的允许误差分为 +2%,+1%,+0.5%,⋯,+0.001% 等十几个等级。

(3)额定功率

电阻器通电工作时,本身要发热,如果温度过高就会将电阻器烧毁。在规定的温度范围允许电阻器承受的最大功率,即在此功率限度以下,电阻器可以长期稳定地工作,不会显著改变其性能,不会损坏的最大功率限度称为额定功率。电阻器的额定功率系列见表 5-2。

表 5-2　电阻器额定功率系列

线绕电阻额定功率系列	非线绕电阻额定功率系列
0.05　0.125　0.25　0.5　1　2　4　8　12　16　25　40　50　75　100　150　250　500	0.05　0.125　0.25　0.5　1　2　5　10　25　50　100

4. 规格标注方法

由于受电阻器表面积的限制，通常只在电阻器外表面上标注电阻器的类别、标称阻值、精度等级和额定功率，对于额定功率小于 0.5 W 的小电阻器，一般只标注阻值和允许误差，材料类型和功率常数从其外形尺寸和颜色来判断。电阻器的规格标注通常采用文字符号直标法和色标法两种。

(1)文字符号直标法

在电阻器表面将电阻器的材料类型和主要参数的数值直接标出，如图 5-3 所示。

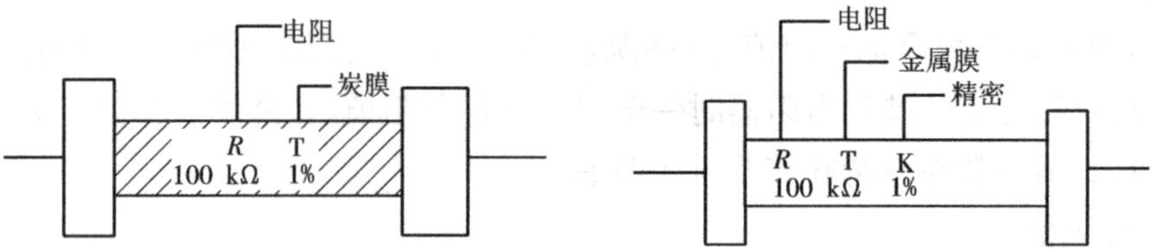

图 5-3　电阻器的直标法

①阻值。电阻的单位为欧姆，用“Ω”表示，千欧用“kΩ”表示，兆欧用“MΩ”表示。

1 MΩ=1 000 kΩ　　　　1 kΩ=1 000 Ω

②允许误差。直接标注在管体上。

③额定功率。通常额定功率在 2 W以下的电阻不标，通过外形尺寸即可判定。额定功率在 2 W以上的电阻均在电阻体上标出。

④材料类型。对于 2 W以下的普通碳膜和金属膜小功率电阻，通过外表颜色可以判定，通常碳膜电阻涂绿色或棕色，金属膜电阻涂红色。2 W以上的大功率电阻大部分在电阻体上以符号标出。

(2)色标法

色标法指的是用不同颜色的色带或色点标示在电阻器表面上，以表示电阻器的标称阻值和允许误差。色标法具有颜色醒目、标志清晰、无方向性的优点，小型化的电阻器都采用色标法。表 5-3 为色标所代表的意义。

表 5-3　色标所代表的意义

颜色	棕	红	橙	黄	绿	蓝	紫	灰	白	黑	金	银	无色
有效数字	1	2	3	4	5	6	7	8	9	10			
乘数	10	10^2	10^3	10^4	10^5	10^6	10^7	10^8	10^9	1	10^{-1}	10^{-2}	
允许误差	± 1%										± 5%	± 10%	± 20%

色环电阻器有四环、五环两种标法。

四色环电阻器表示标称电阻值和精度。

五色环电阻器表示标称电阻值(三位有效数字)及精度。

①四色环电阻器。图 5-4(a)是用四色环表示标称阻值和允许偏差的，其中，前三条色

环表示此电阻的标称阻值，最后一条表示它的偏差。图 5-4（b）中色环颜色依次为黄、紫、橙、金，则此电阻器标称阻值为 47×10^3 Ω=47 kΩ，偏差 ±5%。图 5-4（c）中电阻器的色环颜色依次为蓝、灰、金、无色（即只有三条色环），则电阻器标称阻值为 68×10^{-1} Ω=6.8 Ω，偏差 ±20%。

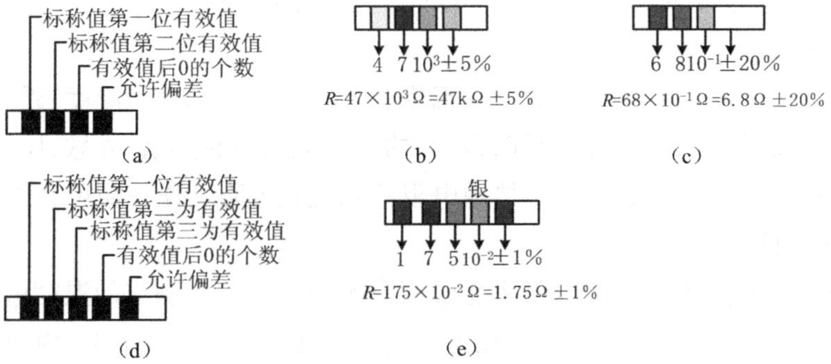

图 5-4　色环电阻表示法

②五色环电阻器。图 5-4（d）是用五条色环表示标称阻值和允许偏差的。通常五色环电阻器识别方法与四色环电阻器一样，只是比四色环电阻器多一位有效数字，常用在精密电阻器上。图 5-4（e）中电阻器的色环颜色依次是棕、紫、绿、银、棕，则电阻器标称阻值为：175×10^{-2} Ω=1.75 Ω，偏差为 ±1%。

5. 性能测量

电阻器的主要参数数值一般都标注在电阻器的外表上。在保证测试精度的条件下，可用多种仪器测量电阻器的阻值，也可以采用电流表电压表法或比较法测量电阻器的阻值。仪器的测量误差应比被测试电阻器允许偏差至少小两个等级。

（1）普通电阻器的测试

当电阻的参数标志因某种原因脱落或欲知道其精确阻值时，就需要对电阻的阻值进行测量。对于常用的碳膜、金属膜电阻器以及线绕电阻器的阻值测量，可用普通指针式万用表的电阻挡直接测量。具体测量时应注意以下几点。

①合理选择量程 。先将万用表功能选择置于“Ω”挡，由于指针式万用电表的电阻挡刻度线是一条非均匀的刻度线，因此必须选择合适的量程。实际使用欧姆挡时，当指针指示在中央位置附近时，读到的测量结果有效数字位数最多；偏离中间位置太大时，读数就很不准确了。为了保证测量有一定精确度，要选用不同的挡位，使测量时指针偏转到中央位置附近即表盘中央的 1/3~2/3 处，这样可提高测量的精度。对于上百千欧的电阻器，则应选用 R×10 k 挡来进行测量。

②注意调零。所谓“调零”就是将电表的两只表笔短接，调节“调零”旋钮，使表针指向表盘上的“0 Ω”位置上。“调零”是测量电阻器之前必不可少的步骤，而且每换一次量程都必须重新调零一次。

③读数要准确。在观测被测电阻的阻值读数时，两眼应位于电表指针的正上方（万用表应水平放置），同时注意双手不能同时接触被测电阻的两根引线，以免人体电阻的存在影

响测量的准确性。

（2）电阻器的质量判别

电阻器的电阻体或引线折断以及烧焦等可以从外观上看出。内部损坏或阻值变化较大，可用万用表欧姆挡测量核对。若电阻内部或引线有缺陷，以致接触不良时，用手轻轻地摇动引线，可以发现松动现象，用万用表测量时，指针指示不稳定。

6. 敏感型电阻器

敏感型电阻器是指那些电特性对外界温度、电压、机械力、亮度、湿度、磁通密度、气体浓度等物理量反应敏感的电阻元件。目前，常见的敏感电阻器有热敏、光敏、压敏、力敏、磁敏、湿敏和气敏电阻器。下面对最常用的热敏电阻器和光敏电阻器作一简单介绍。

（1）热敏电阻器

热敏电阻器是利用半导体的电阻率受温度影响很大的性质制成的温度敏感器件。在半导体中，载流子的数目只有原子数目的几千分之一到几万分之一，相邻自由电子间的距离是原子间距离的几十倍到几百倍。与气体分子运动相似，半导体中自由电子的运动是因热运动而产生的。和金属不同，半导体的电阻率不仅受温度影响明显，而且随温度的升高而减小。

热敏电阻器的分类如下。热敏电阻器按电阻－温度特性分为负温度系数热敏电阻器（简称 NTC 热敏电阻）和正温度系数热敏电阻器（简称 PTC 热敏电阻）。根据使用条件，分为直热式、旁热式和延迟用三种热敏电阻器。直热式热敏电阻器是利用电阻体本身通过电流来取得热源而改变电阻值的。旁热式热敏电阻器是以改变输入电流引起温度变化的方法来改变输出电阻的控制用元件。延迟用热敏电阻器是利用电阻自加热来改变电阻值，进而电流随着时间而变的现象（即瞬变现象）制成的。按照工作温度范围的不同，又可分为常温热敏电阻器、低温热敏电阻器和高温热敏电阻器。

热敏电阻器是用热敏材料制成的电阻体、引线及壳体。常见热敏电阻如图 5-5 所示。

图 5-5 常见热敏电阻

（2）光敏电阻

光敏电阻是利用半导体材料的电阻率受光照的影响很大的性质制成的。它是由一块涂在绝缘板上的光导体薄膜和两个电极构成。外加一电压后，载流子在电场的作用下沿一定方向运动，即在回路中形成电流，这就达到了光电转换的目的。常见光敏电阻图 5-6 所示。

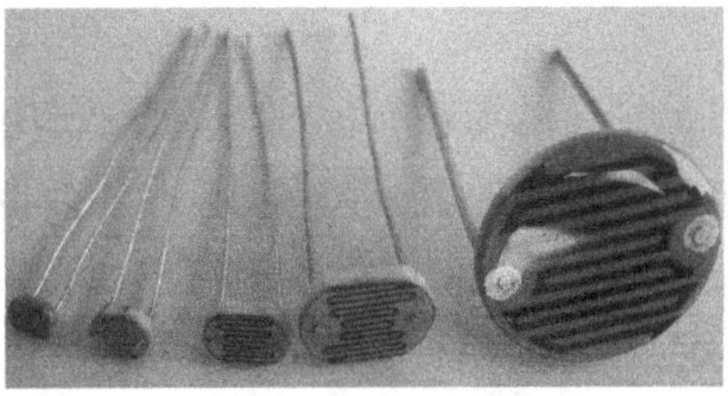

图 5-6　常见光敏电阻

7. 可调型电阻器(电位器)

电位器是一种连续可调的电子元件,对外有三个引出端,其中一个是滑动端,另外两个是固定端。滑动端可以在两个固定端之间滑动,使其与固定端之间的电阻值发生变化。在电路中,电位器常用来调节电阻值或电位。

(1)符号

电位器在电路中用字母 R 表示,图 5-7(a)(b)为常用的电位器外形,图 5-7(c)为图形符号。

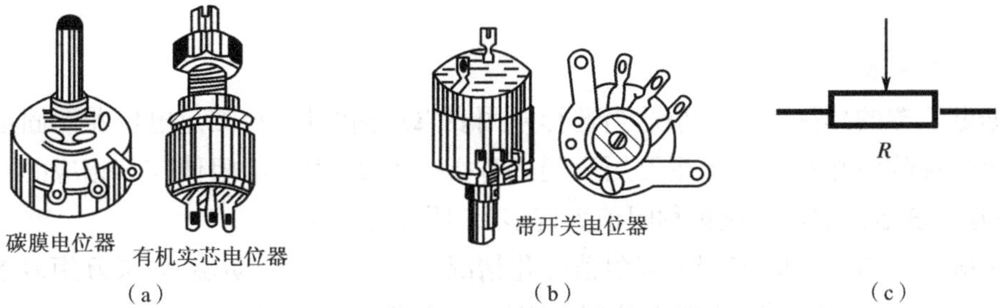

图 5-7　常用电位器外形及图形符号

(2)种类

电位器的种类很多,用途各不相同,通常可按其材料、结构特点、调节机构运动方式等进行分类。

根据所用材料不同,电位器可分为线绕电位器和非线绕电位器两大类。前者额定功率大,噪声低,温度稳定性好,寿命长。缺点是制作成本高,阻值范围小,分布电感和分布电容大,它在电子仪器中应用较多,有碳膜电位器、合成碳膜电位器、金属膜电位器、玻璃釉膜电位器、有机实芯电位器等。它们的共同特点是阻值范围宽,制作容易,分布电感和分布电容小,缺点是噪声比线绕电位器大,额定功率较小,寿命较短。这类电位器广泛应用于收音机、电视机、音响等家用电器中。

根据结构不同,电位器又可分为单圈电位器、多圈电位器;单联电位器、双联电位器和多联电位器;带开关电位器、锁紧电位器和非锁紧电位器。

根据调节方式不同,电位器还可分为旋转式电位器和直滑式电位器两种。前者电阻体呈圆弧形,调节时滑动片在电阻体上作旋转运动;后者电阻体呈长条形,调整时滑动片在电阻体上作直线运动。

(3)参数

电位器的技术参数很多,最主要的参数有标称阻值、额定功率和阻值变化规律三项。

①标称阻值。标在电位器产品上的名义阻值,其系列与电阻器的阻值标称系列相同。允许误差范围为20%,10%,5%,2%,1%。精度电位器的允许误差可达到0.1%。

②额定功率。指两个固定端之间允许耗散的最大功率,滑动头与固定端之间所承受的功率要小于这个额定功率。

③阻值变化规律。电位器的阻值变化规律是指其阻值随滑动片触点旋转角度之间的变化关系。这种关系理论上可以是任意函数形式,常用的有直线式、对数式和反转对数式,分别用A,B,C表示。

直线式电位器适于作分压、偏流的调整;对数式电位器适于作音调控制和黑白电视机对比调整;指数式电位器适于作音量控制。

(4)规格标注方法

电位器一般都用直标法,其类型、阻值、额定功率、误差都直接标在电位器上。在旋转电位器中,有时用ZS-1表示轴没有经过特殊加工的圆轴,用ZS-3表示轴端带凹槽,用ZS-5表示轴端铣成平面。

(5)性能测量

根据电位器的标称阻值大小适当选择万用表"Ω"挡的挡位,测量电位器两固定端的电阻值是否与标称值相符。如果用万用表测量时指针不动,表明电阻体与其相应的引出端断了;如果万用表指针的阻值比标称阻值大许多,表明已经坏了。

测量滑动端与任一固定端之间阻值变化情况。慢慢移动滑动端,如果万用表指针移动平稳,没有跳动和跌落现象,表明电位器电阻体良好,滑动端接触可靠。

开始测量滑动端与固定端之间阻值变化时,测量的小阻值越小越好,即零位电阻要小。对于WH型合成碳膜电位器,直线式的标称阻值小于10 kΩ,零位电阻小于10 Ω;标称值大于10 kΩ,零位电阻小于50 Ω。对数式和指数式电位器,其零位电阻小于50 Ω。当滑动端移动到极限位置时,电阻值为最大,该值与标称值一致。由此说明电位器的质量较好。

旋转转轴或移动滑动端时,应感觉平滑且没有过紧过松的感觉。电位器的引出端子和电阻体应接触牢靠,不要有松动情况。

对于有开关的电位器,用万用表$R \times 1$挡检测开关接通和断开情况,阻值应为零和无穷大。

5.1.2 电容器

电路制作中需要用到各种各样的电容器,它们在电路中分别起着不同的作用。电容器通常简称为电容,用字母C表示。顾名思义,电容器就是"储存电荷的容器"。尽管电容器品种繁多,但它们的基本结构和原理相同。当两片相距很近的金属中间被某物质(固体、气体或液体)隔开,就构成了电容器。两片金属叫作极板,中间的物质叫作介质。

电容器在电路中具有隔断直流、通过交流的特性,通常可完成滤波、旁路、级间耦合以及与电感线圈组成振荡回路等功能。

不同的电容器储存电荷的能力也不相同。规定把电容器外加 1 V 直流电压时所储存的电荷量称为该电容器的电容量。电容的基本单位为法拉（F）。实际上，法拉是一个很不常用的单位，因为电容器的容量往往比 1 法拉小得多，常用微法（μF）、纳法（nF）、皮法（pF）（皮法又称微微法）等表示，它们的关系是

1 法拉（F）= 1 000 000 微法（μF）

1 微法（μF）= 1 000 纳法（nF）= 1 000 000 皮法（pF）

1. 符号

电容器在电路图中用字母 C 表示，常用图形符号如表 5-4 所示。

表 5-4 常用电容器的图形符号

图形符号		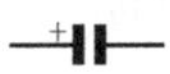			
名称	电容器	电解电容器	可变电容器	微调电容器	同轴双可变电容器

2. 种类

电容器的种类很多，分类方法也各不同。通常按介质材料不同分为纸介电容器、有机薄膜电容器、瓷介电容器、玻璃釉电容器、云母电容器、电解电容器等。按结构不同分为固定电容器、可变电容器、半可变电容器等。另外，还有多种片式电容器，如片式独石电容器、片式有机薄膜电容器、片式云母电容器、片式钽电解电容器和片式铝电解电容器。其中以片式独石电容器产量最大，这种片式电容器是由多个单层陶瓷电容器片叠置并联而成。最多见的是电解电容和瓷片电容。如图 5-8 所示为常见电容器外形图。

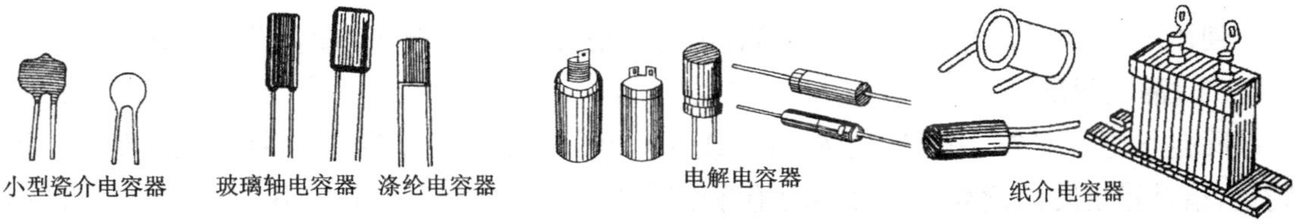

图 5-8 常见电容器外形图

3. 参数

常用的电容器参数如下。

（1）标称容量与允许误差

电容量是电容器的最基本参数。标在电容器外壳上的电容量数值称为标称电容量，是标准化了的电容值，由标准系列规定。常用的标称系列和电阻器的相同。不同类别的电容器，其标称容量系列也不一样。当标称容量在 0.1~1 μF 时，标称系列采用 E6 系列。当标称容量在 1~100 μF 时，采用 1，2，4，6，8，10，15，20，30，50，60，80，100 系列。对于电解电容器采用 E6 系列。

标称容量与实际电容量有一定的允许误差，允许误差用百分数或误差等级表示。允许误差分为五级 ±1%，±2%，±5%，±10% 和 ±20%。有的电解电容器的容量误差范围较大，在 −20%~+100%。

(2)额定工作电压

电容器的额定工作电压是指电容器长期连续可靠工作时,极间电压不允许超过的规定电压值,否则电容器就会被击穿损坏。额定工作电压数值一般以直流电压在电容器上标出。

(3)绝缘电阻

电容器的绝缘电阻是指电容器两极间的电阻,或叫漏电电阻。电容器中的介质并不是绝对的绝缘体,多少总有些漏电。除电解电容器外,一般电容器漏电电流很小。显然,电容器的漏电电流越大,绝缘电阻越小。当漏电电流较大时,电容器发热,发热严重时导致电容器损坏。使用中应选择电阻大的为好。

4. 规格标注方法

电容器的规格标注方法有直标法、数码表示法和色标法。

(1)直标法

将主要参数和技术指标直接标注在电容器表面上。电容量的单位用 F, mF, μF, nF, pF 表示。允许误差直接用百分数表示。

(2)数码表示法

不标单位,直接用数码表示容量。用三位数码表示容量大小,单位为 pF,前两位数字是电容量的有效数字,后一位是零的个数。

(3)色标法

色标法通常有三种颜色,沿着引线方向前两种色标表示有效数字,第三种色标表示有效数字后面零的个数,单位为 pF。

5. 性能测量

使用电容器前要对其进行检查,检查电容器是否有短路、断路、漏电、失效等现象。

(1)漏电测量

除空气电容器外,用万用的 $R\times1$ k 或 $R\times10$ k 挡测量电容器时,指针一般回到某位置附近,指针稳定时的读数为电容器的绝缘电阻,阻值越大,表明漏电越小。如指针距零欧姆近,表明漏电太大不能使用。有的电容器漏电电阻到达位置后,以向零欧姆方向摆动,表明漏电严重,也不能使用。

(2)短路和断路测量

用万用表的欧姆挡测量。根据被测量电容器的容量选择适当量程来测量电容是否断路。对于 0.01 μF 以下的小电容,指针偏转极小,不易看出,需用专门仪器测量。如果指针一点都不偏转,调换表笔以后仍不偏转,表明电容器已经断路。

如果指针偏转到零欧姆处不再返回,表明电容器已经击穿短路。对于可变电容器,可将表笔分别接到动片和定片上,然后慢慢转动动片,如果出现电阻为零,说明有碰片现象,可用工具消除碰片,恢复正常。

(3)电容量的测量

用万用表的欧姆挡 $R\times1$ k 或 $R\times10$ k 挡测电容器的容量,开始指针快速正偏一个角度,然后逐渐向反方向退回。再互换表笔测量,指针偏转角度比上次更大,这表明电容器的充放电过程正常。指针开始偏转角度越大,退回的速度越慢,表明电容量越大。与已知电容量的电容器作测量比较,可以大概估计被测电容量的大小。

(4)判别电解电容器的极性

因电解电容量正反向不同接法时的绝缘电阻相差较大,所以可用万用表欧姆挡测量电解电容器的漏电电阻,并记下该阻值,然后调换表笔再测一次,两次漏电电阻中大的那次,表明黑表笔接电解电容器的正极,红表笔接电解电容器的负极。

电容器的选用涉及很多问题。首先是耐压的问题,即加在一个电容器两端的电压超过了它的额定电压,电容器就会被击穿损坏。一般电解电容器的耐压分为 6.3 V, 10 V, 16 V, 25 V,50 V 挡等。

5.1.3　电感器和变压器

电感器(简称电感)也是构成电路的基本元件,在电路中有阻碍交流电通过的特性。其基本特性是通低频、阻高频,在交流电路中常起扼流、降压、谐振等作用。

1. 电感器

(1)电感器

在电路制作中虽然电感器使用得不是很多,但它们在电路中同样重要。电感器也是一种储能元件,它能把电能转变为磁场能,并在磁场中储存能量。电感器用符号 L 表示,它的基本单位是亨利(H),常用毫亨(mH)为单位。电感器经常和电容器一起工作,构成 LC 滤波器、LC 振荡器等。另外,人们还利用电感的特性,制造了阻流圈、变压器、继电器等。

电感器的特性恰恰与电容器的特性相反,它具有阻止交流电通过而让直流电通过的特性。

(2)电感器的分类

电感器的种类很多,而且分类标准也不一样。通常按电感量变化情况分为固定电感器、可变电感器、微调电感器等;按电感器线圈内介质不同,分为空心电感器、铁芯电感器、磁芯电感器、铜芯电感器等;按绕制特点分为单层电感器、多层电感器、蜂房电感器等。常见的部分电感器外形及图形符号如图 5-9 所示。

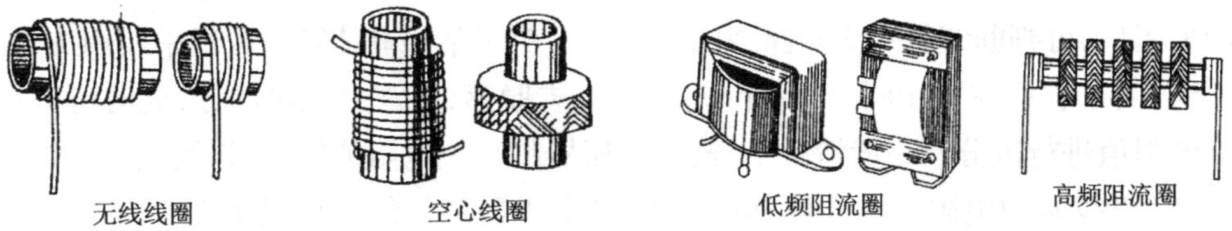

图 5-9　电感器外形及图形符号

小小的收音机上就有不少电感线圈,几乎都是用漆包线绕成的空心线圈或在骨架磁芯、铁芯上绕制而成的。有天线线圈(用漆包线在磁棒上绕制而成)、中频变压器(俗称中周)、输入输出变压器等。

2. 变压器

它是由铁芯和绕在绝缘骨架上的铜线圈构成。绝缘铜线绕在塑料骨架上,每个骨架需绕制输入和输出两组线圈。线圈中间用绝缘纸隔离。绕好后将许多铁芯薄片插在塑料骨架的中间,这样就能够使线圈的电感量显著增大。变压器利用电磁感应原理从它的一个绕组向另外几个绕组传输电能量。变压器在电路中具有重要的功能:耦合交流信号而阻隔直流信号,并可以改变输入输出的电压比,利用变压器使电路两端的阻抗得到良好匹配,以获得最大限度的传送信号功率。

电力变压器就是把高压电变成民用市电。许多电器都是使用低压直流电源工作的,需要用电源变压器把 220 V 交流市电变换成低压交流电,再通过二极管整流,电容器滤波,形成直流电供电器工作。

3. 电感器的选用常识

①根据电路的要求选择不同的电感器。首先应明确其使用的频率范围。铁芯线圈只能用于低频电路,铁氧体线圈、空心线圈可用于高频电路;其次要搞清线圈的电感量和适用的电压范围。

②使用时要注意通过电感器的工作电流应小于它的允许电流。否则,电感器将发热,使其性能变坏甚至烧坏。

③安装时要注意电感元件之间的相互位置,因电感线圈是磁感应元件,一般应使相互靠近的电感线圈的轴线互相垂直。

4. 电感器与变压器的测试

(1)电感器的测试

首先进行外观检查,看线圈有无松散,引脚有无折断、生锈现象。然后用万用表的欧姆挡测试线圈的直流电阻:若为无穷大,说明线圈(或与引出线间)有断路;若比正常值小很多,说明有局部短路;若为零,则线圈被完全短路。对于有金属屏蔽罩的电感器线圈,还需检查它的线圈与屏蔽罩间是否短路;对于有磁芯的可调电感器,螺纹配合要好。

(2)变压器的测试

主要测试变压器的直流电阻和绝缘电阻。

①直流电阻检测。由于变压器的直流电阻很小,所以一般用万用表的 $R\times1\ \Omega$ 挡来测绕组的电阻值,可判断绕组有无短路或断路现象。对于某些晶体管收音机中使用的输入、输出变压器,由于它们体积相同,外形相似,一旦标志脱落,直观上很难区分,此时可根据其线圈直流电阻值进行区分。一般情况下,输入变压器的直流电阻值较大,初级线圈的电阻多为几百 Ω,次级线圈的电阻多为 100~200 Ω;输出变压器的初级线圈的电阻多为几十 ~ 上百 Ω,次级线圈的电阻多为零点几 ~ 几 Ω。

②绝缘电阻的测量。变压器各绕组之间以及绕组和铁芯之间的绝缘电阻可用 500 V 或 1 000 V 兆欧表(摇表)进行测量。根据不同的变压器,选择不同的摇表。一般电源变压器和扼流圈应选用 1 000 V 摇表,其绝缘电阻应不小于 1 000 MΩ;晶体管输入变压器和输出变压器用 500 V 摇表,其绝缘电阻应不小于 100 MΩ。若无摇表,也可用万用表的“$R\times10\ \text{k}\Omega$”

挡，测量时表头指针应不动（相当于电阻为∞）。

5.1.4　二极管

1. 结构和符号

在一个PN结的P区和N区各接出一条引线，然后再封装在管壳内，就制成了一只晶体二极管。二极管的结构如图5-10（a）所示；电路中的符号如图5-10（b）所示，电路符号中箭头指向为正向导通电流方向；图5-10（c）为二极管的外形图。

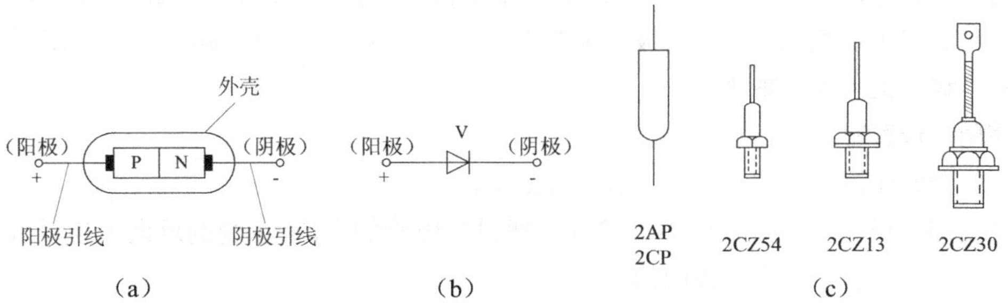

图5-10　二极管的结构、符号及外形

2. 二极管的类型

（1）整流二极管

整流二极管主要用于整流电路，即把交流电变换成脉动的直流电。整流二极管为面接触型，其结电容较大，因此工作频率范围较窄（3 kHz以内），常用的型号有2CZ型、2DZ型等。还有用于高压和高频整流电路的高压整流堆，如2CGL型、DH26型2CL51型等。

（2）检波二极管

其主要作用是把高频信号中的低频信号检出，为点接触型，其结电容小，一般为锗管。检波二极管常采用玻璃外壳封装，主要型号有2AP型和1N4148（国外型号）等。

（3）稳压二极管

稳压二极管也叫稳压管，是用特殊工艺制造的面结型硅半导体二极管，特点是工作于反向击穿区，实现稳压；当二极管被反向击穿后，外加电压减小或消失，PN结能自动恢复而不至于损坏。稳压二极管主要用于电路的稳压环节和直流电源电路中，常用的有2CW型和2DW型。

（4）光电二极管

光电二极管又称光敏管，其PN结也工作在反偏状态。特点是：无光照射时其反向电流很小，反向电阻很大；有光照射时其反向电阻减小，反向电流增大。光电管常用在光电转换控制器或光的测量传感器中，其PN结面积较大，是专门为接收入射光而设计的。光电二极二极管在无光照射时的反向电流叫作暗电流，有光照射时的电流叫作光电流（或亮电流）。其典型产品有2CU和2DU系列。

（5）发光二极管

发光二极管简写为LED。它通常用砷化镓或磷化镓等材料制成，当有电流通过它时，便会发出一定颜色的光。按发光的颜色不同，发光二极管分为红色、黄色、绿色、蓝色、变色和红外发光二极管等。一般情况下，通过 LED 的电流在 10~30 mA，正向压降为 1.5~3 V。LED 可用直流、交流、脉冲等电源驱动，但必须串接限流电阻 R。LED 能把电能转换成光能，广泛应用在音响设备、数控装置、微机系统的显示器上。新买来的发光二极管，其管脚较长的一个是正极。

（6）变容二极管

变容二极管是利用 PN 结加反向电压，此时 PN 结相当于一个结电容。反向电压越大，PN 结的绝缘层越宽，其结电容越小。如 2CB14 型变容二极管，当反向电压在 3~25 V 变化时，其结电容在 20~30 pF 变化。变容二极管主要用在高频电路中，作自动调谐、调频、调相使用。

3. 二极管使用注意事项

使用二极管时，应注意以下事项。

①二极管应按照用途、参数及使用环境选择。

②使用二极管时，正、负极不可接反。通过二极管的电流、承受的反向电压及环境温度等都不应超过手册中规定的极限值。

③更换二极管时，应用同类型或高一级的二极管代替。

④二极管的引线弯曲处距离外壳端面应不小于 2 mm，以免造成引线折断或外壳破裂。

4. 二极管判别

（1）极性的判别

①看外壳上的符号标记。通常在二极管的外壳上标有二极管的符号，如图 5-10（b）所示，标有三角形箭头的一端为正极，另一端为负极。

②看外壳上标记的色点。在点接触二极管的外壳上通常标有色点（白色或红色），除少数二极管（如 2AP9，2AP10 等）外，一般标记色点的这端为正极。

③将万用表拨在 $R\times100$ 或 $R\times1$ k 电阻挡上（$R\times1$ 挡电流太大，可能烧毁管子，用 $R\times10$ k 挡电压太高，易使管子击穿）。

④用万用表红黑两支表笔分别接触二极管的两个电极，测其阻值，记下此时的阻值。两支表笔调换，再测一次阻值。两次测量中，阻值小的那一次是二极管的正向电阻，黑表笔接触的是二极管的正极，红表笔接触的是二极管的负极。判别方法如图 5-11 所示。

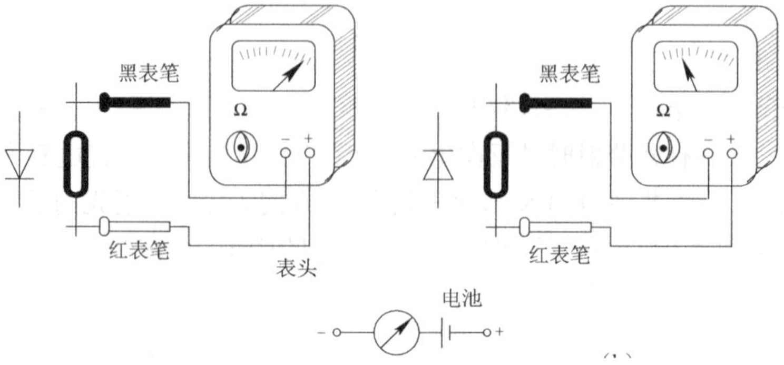

图 5-11 二极管极性的判别

(2)好坏的判别

通过测量二极管的正、反向电阻进行判别二极管的好坏。用万用表 $R\times100$ 或 $R\times1\,k$ 挡测量二极管的正反向电阻,正向电阻越小越好,反向电阻越大越好。但若正向电阻太大或反相电阻太小,表明二极管的检波与整流效率不高。若正向电阻无穷大(表针不动),说明二极管内部断路;若反相电阻接近零,表明二极管已击穿。内部断开或击穿的二极管均不能使用。

(3)材料的判别

测正向电阻时,若表针指示在中间偏右一点,是硅材料二极管;若表针偏右靠近满度,而又不到满度,是锗材料二极管。测反向电阻时,若表针不动,是硅材料二极管;若表针启动一点,是锗材料二极管。

5.1.5　三极管

1. 三极管的结构和型号

晶体三极管是半导体基本元器件之一,具有电流放大作用,是电子电路的核心元件。三极管是在一块半导体基片上制作两个相距很近的 PN 结,两个 PN 结把整块半导体分成三部分,中间部分是基区,两侧部分是发射区和集电区。排列方式有 PNP 和 NPN 两种,从三个区引出相应的电极,分别为基极 b、发射极 e 和集电极 c。发射区和基区之间的 PN 结叫发射结,集电区和基区之间的 PN 结叫集电结。基区很薄,而发射区较厚,杂质浓度大, PNP 型三极管发射区"发射"的是空穴,其移动方向与电流方向一致,故发射极箭头向里; NPN 型三极管发射区"发射"的是自由电子,其移动方向与电流方向相反,故发射极箭头向外。发射极箭头指向也是 PN 结在正向电压下的导通方向。硅晶体三极管和锗晶体三极管都有 PNP 型和 NPN 型两种。三极管的结构如图 5-12(a)所示。图 5-12(b)为其结构符号,三极管的外形及封装如图 5-12(c)所示。

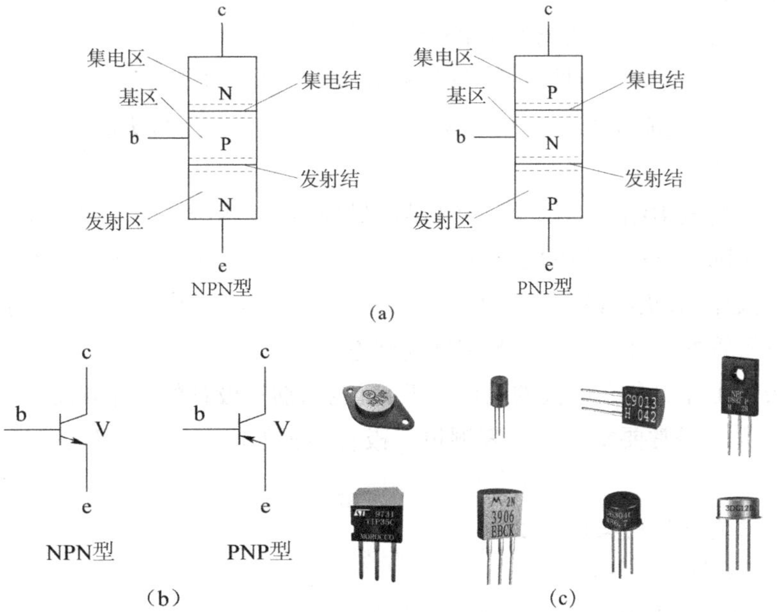

图 5-12　三极管的结构、符号及外形封装

2. 晶体三极管的电流放大作用

晶体三极管具有电流放大作用，实质是晶体三极管能以基极电流微小的变化来控制集电极电流较大的变化。这是晶体三极管最基本的和最重要的特性。将 $\Delta I_c/\Delta I_b$ 的比值称为晶体三极管的电流放大倍数，用符号“β”表示。电流放大倍数对于某一只三极管来说是一个定值，但随着三极管工作时基极电流的变化也会有一定的改变。图 5-13 为晶体三极管的电流放大作用示意图。

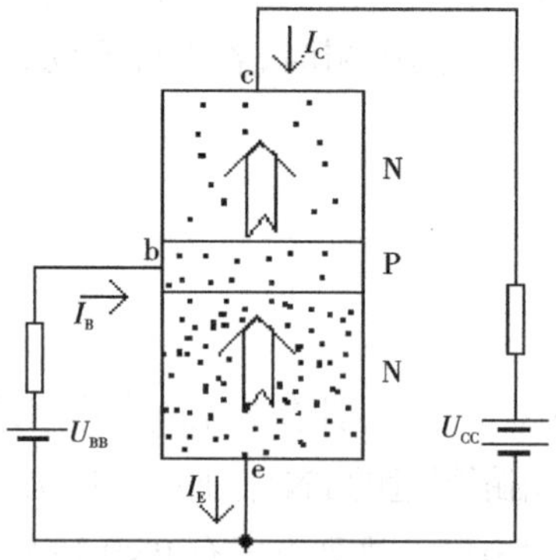

图 5-13 晶体三极管的电流放大作用示意图

3. 晶体三极管的三种工作状态

(1)截止状态

当加在三极管发射结的电压小于 PN 结的导通电压，基极电流为零，集电极电流和发射极电流都为零时，三极管失去了电流放大作用，集电极和发射极之间相当于开关的断开状态，称三极管处于截止状态。

(2)放大状态

当加在三极管发射结的电压大于 PN 结的导通电压，并处于某一恰当的值时，三极管的发射结正向偏置，集电结反向偏置，这时基极电流对集电极电流起着控制作用，使三极管具有电流放大作用，其电流放大倍数 $\beta = \Delta I_c/\Delta I_b$，这时三极管处于放大状态。

(3)饱和状态

当加在三极管发射结的电压大于 PN 结的导通电压，并当基极电流增大到一定程度时，集电极电流不再随着基极电流的增大而增大，而是处于某一定值附近不怎么变化，这时三极管失去电流放大作用，集电极与发射极之间的电压很小，集电极和发射极之间相当于开关的导通状态。三极管的这种状态称为饱和导通状态。

根据三极管工作时各个电极的电位高低，就能判别三极管的工作状态。因此，电子维修人员在维修过程中经常要拿万用电表测量三极管各脚的电压，从而判别三极管的工作情况和工作状态。

4. 三极管的质量粗判及代换方法

(1)判别三极管的质量好坏

根据 PN 结的单向导电性，可以检查三极管内各极间 PN 结的正反向电阻，如果相差较大，说明三极管基本是好的。如果正反向电阻都很大，说明三极管内部有断路或 PN 结性能不好；如果正反向电阻都很小，说明三极管极间短路或击穿。

(2)三极管的代换方法

如果发现电路中的三极管已损坏，更换时一般应遵循下列原则。

①更换时，尽量更换相同型号的三极管。

②无相同型号时，新换三极管的极限参数应等于或大于原三极管的极限参数，如参数 I_{CM}、P_{CM}、$U_{(BR)CEO}$ 等。

③性能好的三极管可代替性能差的三极管。如穿透电流 I_{CEO} 小的三极管可代换 I_{CEO} 大的三极管，电流放大系数 β 高的可代替 β 低的三极管。

④在集电极耗散功率允许的情况下，可用高频三极管代替低频三极管，如 3DG 型三极管可代替 3DX 型三极管。

⑤开关三极管可代替普通三极管，如 3DK 型三极管代替 3DG 型三极管，3AK 型三极管代替 3AG 型三极管。

5. 三极管判别

常用三极管的封装形式有金属封装和塑料封装两大类。引脚的排列方式具有一定的规律，即按引脚朝下位置放置，使三个引脚构成等腰三角形的顶点，从左向右依次为 e b c；对于中小功率塑料三极管按图使其平面朝向自己，三个引脚朝下放置，则从左到右依次为 e b c。目前，国内各种类型的晶体三极管有许多种，管脚的排列不尽相同，使用中不确定管脚排列的三极管必须进行测量确定各管脚正确的位置，或查找晶体管使用手册，明确三极管的特性及相应的技术参数和资料。判别方法如下。

(1)找基极

将万用表拨在 $R\times100$ 或 $R\times1\text{ k}$ 电阻挡上，先假设一个电极是基极，用黑表笔（或红表笔）接假设的基极，红表笔（或黑表笔）分别接另外两个电极，若测量结果阻值都较小，交换表笔后测量结果阻值都较大，则可断定第一次测量中黑表笔（或红表笔）所接电极为基极；如果测量结果阻值一大一小，相差很大，则第一次测量中黑表笔（或红表笔）接的不是基极，应更换其他电极重测。判别方法如图 5-14 所示。

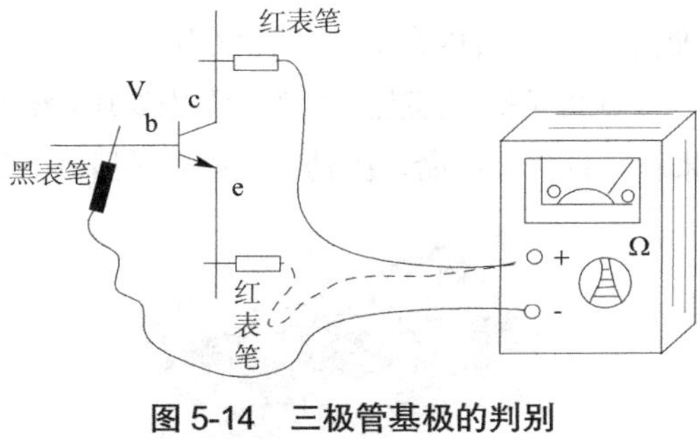

图 5-14　三极管基极的判别

(2)管型的判别

如果已知某个三极管的基极，可以用黑表笔（或红表笔）接基极，红表笔（或黑表笔）分别接另外两个极。如果测得的电阻都小（或都大），则该三极管是 NPN 型三极管；如果测得的电阻都大（或都小），则该三极管是 PNP 型三极管。

（3）找集电极

在已判别出基极和管型的基础上，先假设一个电极为集电极，用湿润的手捏住基极和假定的集电极。

对于 NPN 型三极管，用黑表笔接假定的集电极，红表笔接发射极，测电阻；再假设另一电极是集电极，测电阻。比较所测阻值小的假定正确。

对于 PNP 型管三极管，用红表笔接假定的集电极，黑表笔接发射极，测电阻；再假设另一电极是集电极，测电阻。比较所测阻值小的假定正确。

（4）记录测量数据

将测量数据记录下来。

5.1.6 记忆元件

1971 年非线性电路理论先驱、美国加利福尼亚大学伯克利分校的华裔科学家蔡少堂就从理论上预言，除电容、电感和电阻之外，电子电路还应该存在第四种基本元件——忆阻器。实际上，忆阻器是一种具有记忆功能的非线性电阻，可通过电流的变化控制其阻值的变化，如果将忆阻器的高阻值和低阻值分别定义为 1 和 0，就可以通过二进制的方式来存储数据。

图 5-15 是可记忆元件的符号表示，这些元件是非对称元件，必要时可以使用以下约定：当施加正电压到其次终端并且将该终端用黑粗线表示时，可记忆元件各自进入高阻抗、高容抗或高感抗状态。

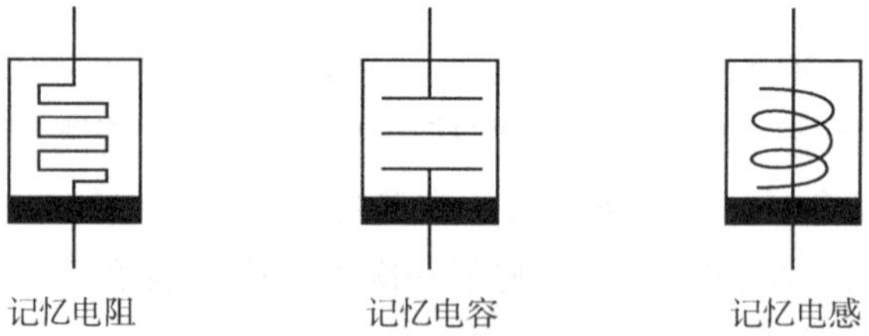

图 5-15 可记忆元件的符号表示

忆阻器的运作模式类似于一个带着内存的非线性电阻，可作为一种尺寸小巧且高能源效率的存储元件。作为一种新型态电路元素，忆阻器的发现足以媲美 100 年前发明的三极管，其任何一项产业化应用都可能带来新一轮产业革命。比勒菲尔德大学研制的忆阻器如图 5-16 所示。

图 5-16 忆阻器

5.1.7　实习项目：元器件识别与检测

元器件识别与检测清单见表 5-5。

表 5-5　元器件识别与检测清单

中文名称	图形符号	挡位选择	标称值	测量值

5.2　手工焊接技术

焊接是通过加热或加压(或者两者并用)，使用(或不用)填充材料，使焊件达到原子间结合的一种加工方法。其物理实质是指通过适当的物理化学过程，使两个分离的固态物体产生原子(或分子)间的结合力而连成一体的连接方法。现代焊接技术主要分为熔焊、压焊及钎焊三大类：熔焊是指在焊接过程中，焊件接头加热至熔化状态，不加压力完成焊接的方法，如电弧焊、气焊、激光焊、等离子焊等；压焊是指在焊接过程中，必须对焊件加压力(加热或不加热)完成焊接的方法，如超声波焊、高频焊、电阻焊、脉冲焊、摩擦焊等；钎焊是采用比母材熔点低的金属材料作焊料，将焊件和焊料加热到高于焊料熔点，但低于母材熔点的温度，利用液态焊料润湿母材，填充接头间隙，并与母材相互扩散实现连接焊件的方法。锡焊属于钎焊中的软钎焊，是指在一定温度下熔化成液态的金属锡合金在被焊金属表面形成新合金层，以达到被焊物之间结构上的连接和电气上的导电。锡焊所需的工具简单，操作方便，成本低，环境要求不高，适用范围广，易于实现自动化。

手工锡焊适用于电子产品的研制，小批量生产、调试与维修，自动化生产线上的补焊以及一些特殊元器件的安装。本节主要介绍手工锡焊技术。

5.2.1　锡焊材料

(1)焊料

焊料是一种熔点低于被焊金属，在被焊金属不熔化的条件下，能润湿被焊金属表面，并在接触面处形成合金层的物质。焊料具有熔点低、熔融时具有良好的流动性和浸润性，凝固时间短，凝固后外观好，机械强度高，导电与抗腐蚀性能好等特点。

焊料的国家标准 GB/T 31476—2015《电子装联高质量内部互连用焊料》。标准定义：合金由两种或两种以上元素结合而成的具有金属性质的材料。焊料用于钎焊连接的熔点低于 450 ℃的合金，也称软钎焊料。

焊料表面应光洁，具有金属光泽，无明显的油污、氧化、夹渣及外来夹杂物等缺陷。

国家标准将电子装联高质量内部互联用焊料，按合金成分分为含铅焊料、无铅焊料和特殊焊料三类，按有无助焊剂分为纯合金焊料和含助焊剂的焊料两类，按产品的形态分为锭、条、棒、丝、板、带、粉和 BGA 球等若干类。含铅焊料指铅含量大于 0.10%（质量分数）的焊料。无铅焊料指铅含量不大于 0.10%（质量分数）的焊料。

纯锡熔点（232 ℃）高，流动性差，易发黑发脆，无光泽，机械强度差。焊锡材料一般都是锡与其他金属的合金材料。最常用的焊料为锡铅合金焊料（又称焊锡），它具有熔点低、有光泽、流动性增加、浸润性改善、机械强度高、抗腐蚀性能好的特点，其形状有粉末状、带状、管状、块状、丝状等。手工焊接中最常见的是松香芯焊锡丝，这种焊锡丝将焊锡制成管状，其轴向芯内是由优质松香添加一定的活化剂组成。随着人类环保意识的增强，含铅的锡焊材料在有的国家和地区已被禁用。无铅焊锡丝有锡铜无铅锡线 / 焊锡丝（Sn99.3Cu0.7）、锡银铜无铅锡线 / 焊锡丝（Sn96.5Ag3.0Cu0.5）、0.3 银无铅锡线 / 焊锡丝（Sn99.0Ag0.3Cu0.7）、实芯型无铅锡线 / 焊锡丝（不含助焊剂）等。

（2）助焊剂

助焊剂的国家标准 GB/T 31474—2015《电子装联高质量内部互连用助焊剂》。标准定义：助焊剂指在钎焊过程中使用的能帮助焊料流动和促进界面反应的化学物质。助焊剂是进行锡铅焊接的辅助材料。金属在空气中特别是加热时表面易生成氧化膜，阻止焊锡对焊接金属的浸润作用，影响焊接点合金的形成。助焊剂可以去除被焊金属表面的氧化物，防止焊接时被焊金属和焊料再次被氧化，并降低焊料表面的张力，增加熔锡的流动性，促使焊锡对被焊金属的浸润，提高可焊性。

国家根据标准，助焊剂按适用范围可分为锡铅焊料用助焊剂和无铅焊料用助焊剂；按形态可分为液态、固态和膏状助焊剂。

焊剂类型是根据其主要成分分类，包括松香型、树脂型、有机物型和无机物型。松香型指基本组分为从针叶植物提取并精制的天然油性树脂的助焊剂，符号为 RO；树脂型指基本组分为除松香外的天然及人工合成树脂的助焊剂，符号为 RE；有机物型指基本组分为除松香和树脂的有机原料的助焊剂，符号为 OR；无机物型指无机酸及无机盐溶液，符号为 IN。

无机物型焊剂活性最强，有机焊剂活性次之，应用最广泛的是松香助焊剂，活性较差。使用助焊剂时一定要了解其成分和对元器件的腐蚀作用。无机助焊剂化学作用强，助焊性能非常好，但具有强烈的腐蚀作用，不能在电子产品装配中使用，只能用在特定场合，并且焊后一定要清除残渣。有机物型助焊剂由有机酸、有机类卤化物以及各种胺盐树脂等合成。这类助焊剂含有酸值较高的成分，具有较好的助焊性能，可焊性好。但是，此类助焊剂具有一定程度的腐蚀性，残渣不易清洗，焊接时产生废气，因而限制了它在电子产品装配中的使用。

树脂型助焊剂在电子产品的焊接中最常用、最可靠，其主要成分是松香。松香在液态时才呈活性，作为酸开始起作用，使参加焊接的各金属表面的氧化物还原、熔解，起到助焊的作用。焊接后形成的膜层具有覆盖和保护焊点不被氧化腐蚀的作用。由于松脂残渣具有非腐蚀性、非导电性、非吸湿性，焊接时没有什么污染，且焊后容易清洗，成本又低，所以这类助焊剂被广泛使用。松香型助焊剂的缺点是酸值低，软化点（55℃左右）低，且易氧化，易结晶，稳定性差，在高温时很容易脱羧炭化而造成虚焊。

助焊剂的具体要求如下：

①有清洗被焊金属和焊料表面的作用；

②熔点要低于所有焊料的熔点；

③在焊接温度下能形成液状，具有保护金属表面的作用；

④有较低的表面张力，受热后能迅速均匀地流动；

⑤熔化时不产生飞溅或飞沫；

⑥不产生有害气体和有强烈刺激性的气味；

⑦不导电，无腐蚀性，残留物无副作用；

⑧光亮，致密，干燥快，不吸潮，热稳定性好。

（3）阻焊剂

阻焊剂是一种耐高温的涂料，其作用是保护印制电路板上不需要焊接的部位，使焊料只在需要的焊点上进行焊接。

阻焊剂分为热固化型阻焊剂、紫外线光固化型阻焊剂（光敏阻焊剂）、电子辐射固化型阻焊剂等。

（4）清洗剂

在完成焊接操作后，要对焊点进行清洗，避免焊点周围的杂质腐蚀焊点。常用的清洗剂有无水乙醇（无水酒精）、航空洗涤汽油、三氯三氟乙烷等。

5.2.2　锡焊机理

（1）焊料对焊件的润湿（浸润）

润湿指熔融焊料铺展在基体金属表面并形成平滑的焊料层，焊料与基体金属的夹角小于 90°。润湿是发生在固体表面和液体之间的一种物理现象。如果某种液体能在某固体表面漫流开，说明这种液体能与该固体表面润湿。

从力学的角度来讲，不同的液体和固体之间相互作用的附着力和液体的内聚力不同。当附着力大于内聚力时，就形成漫流，即润湿；当内聚力大于附着力时，液体会成珠状在固体表面滚动，即不润湿。从液体与固体接触的边沿，沿液体表面作切线，这条切线通过液体内部与固体表面之间形成一个夹角（接触角），称为润湿角，用 θ 表示。$\theta<90°$ 为润湿良好，焊接质量好；$\theta>90°$ 为不润湿，焊料容易脱落，焊接质量差，如图 5-17 所示。只有焊料良好地浸润焊件，才能实现焊料在焊件表面的扩散。

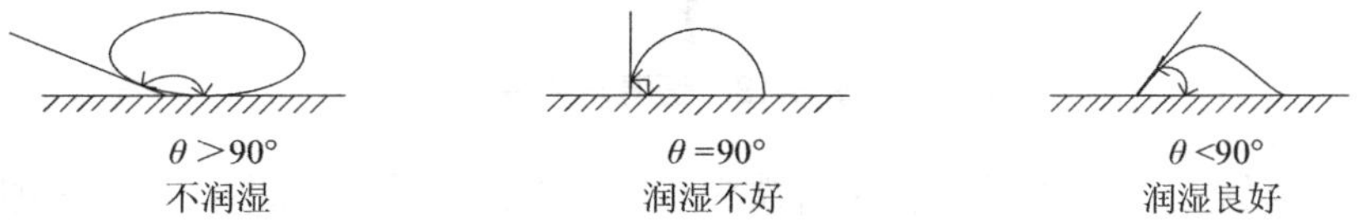

图 5-17　润湿角

（2）合金层的形成

被焊金属在高温的作用下，金属内部分子运动加速，分子间的引力减弱，金属表面的张力减小，导致金属内分子有向外扩散的趋势。焊锡材料由于熔点低，在一定温度下，熔成液化状态，内部分子间的引力和表面张力明显削弱，流动性增强，分子向外扩散的趋势加快，流动的焊锡与加热的被焊金属浸润结合，两者接触处的分子互相渗透、吸引，产生新的分子链，形成新的合金层，该合金层是结构连接和电气导通的实体。形成结合层是锡焊的关键，如果没有形成结合层，仅仅是焊料堆积在母材上，则称为虚焊。

（3）焊点的形成

焊接后，焊料和母材之间的合金层逐渐冷却凝固，形成合金结晶，结晶向未凝固的焊料方向生长，最后形成焊点。

综上所述，焊接的机理是：将表面清洁的焊件与焊料加热到一定温度，焊料熔化并润湿焊件表面，与焊件在界面上形成合金层，从而实现焊接。

5.2.3 手工焊接工具

手工焊接的主要工具是电烙铁。电烙铁的国家标准是 GB/T 7157—2008《电烙铁》。该标准规定了电烙铁的分类、技术要求、试验方法、检验规则、标志与说明、包装、运输和存储。该标准适用于单相交流或直流额定电压不大于 250 V，额定输入功率不大于 500 W 的电烙铁。

电烙铁是具有电加热的烙铁头的器具。电烙铁有两种分类方法：按有无温度控制分为普通烙铁与可控温烙铁（如恒温烙铁、焊台等）；按受热结构形式分为内热式电烙铁与外热式电烙铁。

普通烙铁是指工作温度与工作电压值成正比的电烙铁。恒温烙铁指由电子电路或其他装置控制的，在额定工作条件下工作温度不受外界因素影响，且能自动维持在设定值的电烙铁，如图 5-18 所示。此类电烙铁通常用在对焊接温度要求严格的焊接作业中。当焊接温度不宜过高、焊接时间不宜过长的元器件时，应选用恒温电烙铁，但它价格较高。

图 5-18 恒温电烙铁

内热式电烙铁是指发热元件插入烙铁头空腔加热的电烙铁，如图 5-19（a）所示；外热式电烙铁是指烙铁头插入发热元件内加热的电烙铁，如图 5-19（b）所示。

内热式电烙铁的发热丝绕在一根陶瓷棒上面，外面再套上陶瓷管绝缘，使用时烙铁头套在陶瓷管外面，热量从内部传到外部的烙铁头上。特点是升温快，耗电低，热量利用率高，不产生感应电，但发热丝寿命较短。常用的内热式电烙铁有 20 W、50 W、70 W 等规格。

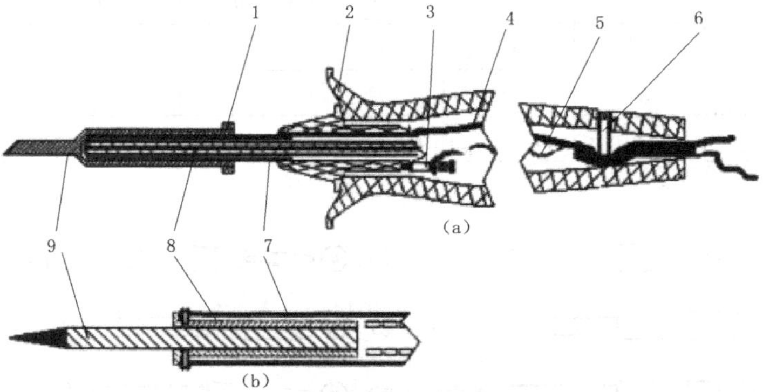

图 5-19　内热式与外热式电烙铁结构示意图

1—卡箍；2—手柄；3—接线柱；4—接地线；5—电源线；6—紧固螺钉；7—外壳；8—加热体；9—烙铁头

外热式电烙铁的电热丝绕在一根中间有孔的铁管上，里外用云母片绝缘，烙铁头插在中间孔里，热量从外面传到里面的烙铁头。特点是使用寿命相对较长，但容易产生感应电流，容易损坏精密的电子元件，所以焊接精密元件时最好将烙铁外壳接一根地线可靠接地。常用的外热式电烙铁有 30 W、50 W、75 W、100 W 等规格。

电烙铁的型号命名方法如下。

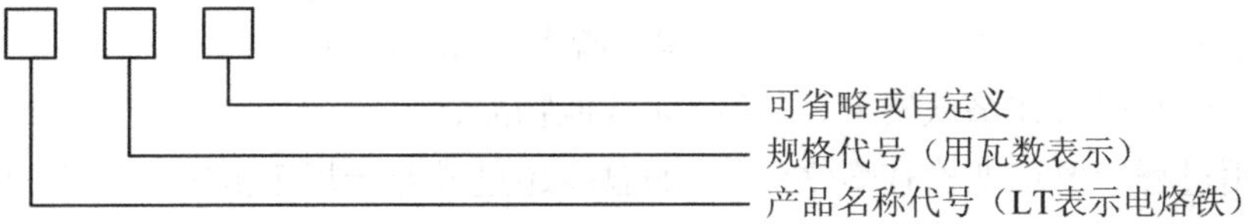

示例：LT200 W 表示功率为 200 W 的电烙铁。

电烙铁的规格按额定输入功率划分，推荐使用表 5-6 中的规格。

表 5-6　电烙铁的功率规格

型式	额定输入功率（W）
内热式	20，35，50，70，100，150，200
外热式	30，50，75，100，150，200，300，500

烙铁头一般由紫铜材料制成，其作用是储存和传导热量。选择合适形状和尺寸的烙铁头能提高工作效率，增加烙铁头的耐用程度。烙铁头的大小与热容量有直接关系，烙铁头越大，热容量相对越大。进行连续焊接时，使用的烙铁头越大，温度跌幅越少。此外，因为大烙铁头的热容量高，焊接的时候能够使用比较低的温度，所以烙铁头不易氧化，寿命相对较长。一般来说，烙铁头尺寸以不影响邻近元件为标准。选择能够与焊点充分接触的烙铁头，能提高焊接效率。常见烙铁头外形如图 5-20 所示。

烙铁头通用部件的结构参数推荐使用表 5-7 的数值。

表 5-7 内热式烙铁头的结构参数

功率(W)	20	35	50	70	100	150	200
烙铁头内径(mm)	5.2	6.2	6.8	9.0	10.5	13.0	16.0
烙铁头孔深(mm)	37	48	52	60	65	70	75
烙铁头外径(mm)	8	13	15	30	120	230	300

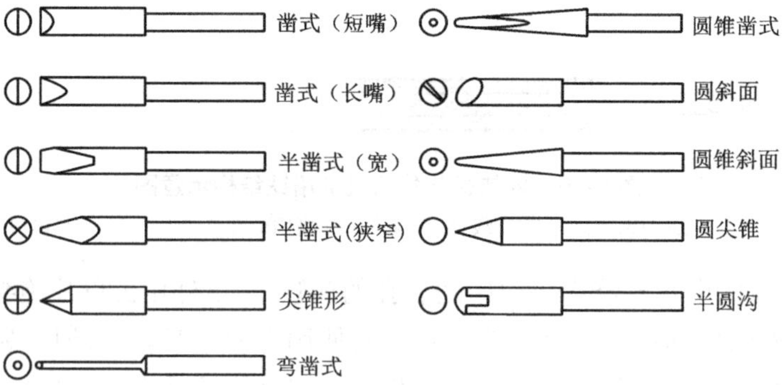

图 5-20 常见烙铁头形状

使用电烙铁时应注意以下几点：

①使用电烙铁前一定要检查电源线和保护地线是否良好；

②烙铁在使用过程中不宜长期空热，以免烧坏烙铁头和烙铁芯；

③烙铁不使用时应放在烙铁架上，以免烫坏其他物品；

④烙铁使用过程中要定期检查烙铁温度，如温度超过或低于规定范围应停止使用；

⑤定期检查烙铁是否漏电，发现漏电应立即停止使用；

⑥烙铁不用时要关闭电源，拔下插头；

⑦常用耐高温湿布或浸水海绵擦拭烙铁头，以保持烙铁头能够良好挂锡，并防止残留的助焊剂对烙铁头产生腐蚀；

⑧焊接完毕，烙铁头上残留的焊锡应该继续保留，以防止出现氧化层。

5.2.4 手工焊接方法

(1)正确的焊接姿势

掌握正确的操作姿势，可以保证操作者的身心健康，减轻劳动伤害。一般采用坐姿焊接，工作台和座椅的高度要合适。为减少焊剂加热时挥发出的化学物质对人的危害，减少有害气体的吸入量，一般情况下，操作者鼻尖距烙铁头不少于 20 cm，以 30 cm 为宜。

(2)电烙铁的握法

电烙铁的握持方法有反握法、正握法和笔握法三种，分别如图 5-21(a)(b)(c)所示。

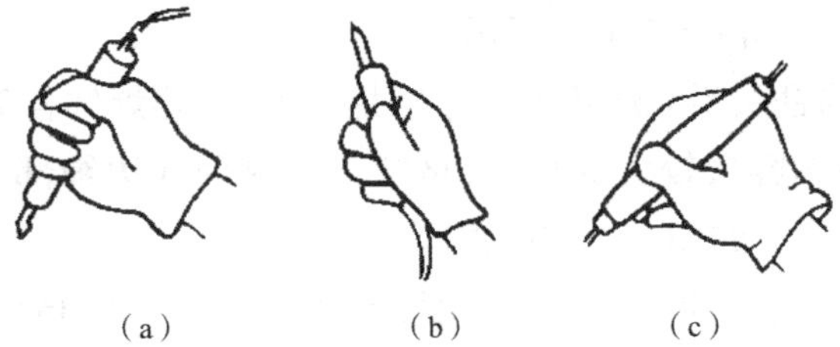

图 5-21　电烙铁的握法

反握法的动作稳定，长时间操作不易疲劳，适用于较大功率的电烙铁(>75 W)对大焊点的焊接操作；正握法适用于中等功率烙铁或带弯头电烙铁的操作，或直烙铁头在大型机架上的焊接；笔握法适用于小功率的电烙铁焊接印制板上的元器件，一般在操作台上焊接印制板等焊件时，多采用笔握法。电烙铁使用后一定要稳妥地插放在烙铁架上，并注意导线等其他杂物不要碰到烙铁头，以免烫伤导线，造成漏电等事故。

(3)焊锡丝的拿法

手工焊接中一只手握电烙铁，另一只手拿焊锡丝，帮助电烙铁吸取焊料。焊锡丝一般有两种拿法，如图 5-22 所示。图(a)为连续焊接时的拿法，手握焊锡丝，用拇指、食指、中指控制送丝速度；图(b)为断续焊接时的拿法，仅用拇指、食指、中指捏住焊锡丝。当使用含铅的焊锡丝时，应该戴手套或在操作后洗手，避免食入铅尘。

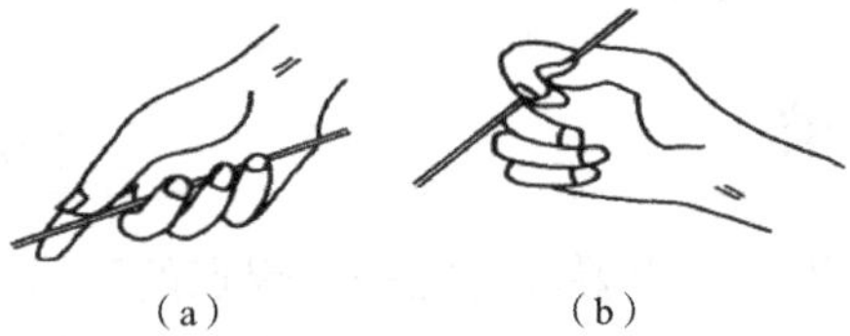

图 5-22　焊锡丝的拿法

因为烙铁头温度一般都在 300 ℃左右，焊锡丝中的焊剂在高温情况下容易分解失效。所以焊锡丝一般要直接用手送入被焊处，不要先送到烙铁头上再用烙铁头上的焊锡去焊接，这样很容易造成焊料的氧化和焊剂的挥发。

(4)焊接的操作方法

焊接的操作方法有三工序法和五工序法。这里着重介绍五工序法。

手工焊接五工序法操作如图 5-23 所示。

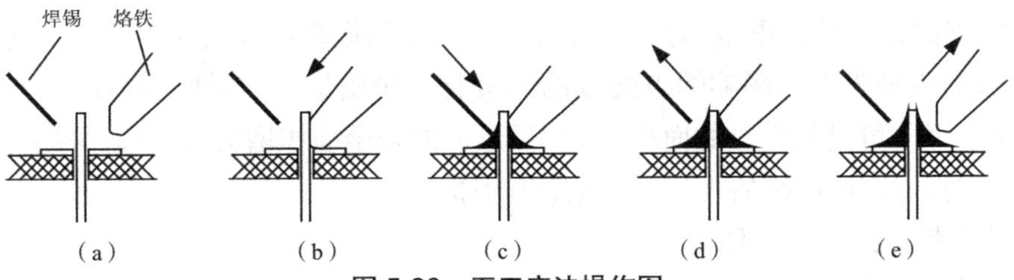

图 5-23　五工序法操作图

①准备施焊。准备好焊锡丝和烙铁。烙铁头温度要达到高于焊锡丝熔化温度至少 50 ℃以上，表面无氧化现象，无焊渣，保持有少量焊锡。焊件表面应无污物，如氧化过于严

重,要人工清除氧化层。如图 5-23(a)所示。

②加热焊件。将烙铁头沿 45° 角方向接触焊接点,加热焊件各部分,应使烙铁头的扁平部分(较大部分)接触热容量较大的焊件,烙铁头的侧面或边缘部分接触热容量较小的焊件,以保持焊件均匀受热。如图 5-23(b)所示。

③熔化焊料。待焊接点加热到一定温度,迅速将焊锡丝以 45° 角的方向从烙铁头的对面加入并触及被焊件,焊料开始熔化并润湿焊点。此时要注意控制焊锡的用量,以获得高质量的焊点。如图 5-23(c)所示。

④移开焊锡丝。当焊锡丝熔化适量后,迅速移开焊锡丝。如图 5-23(d)所示。

⑤移开烙铁。焊锡丝移开后,已熔化在焊点上的焊锡会在烙铁的加温下继续迅速润湿扩散,在焊剂末完全挥发、扩散范围又合适时,应先慢后快,沿 45° 角方向迅速移开烙铁。移开烙铁头的时机、速度和方向将决定焊点的质量和外观。如图 5-23(e)所示。

手工焊接的特点就是要准而快。特别要注意焊接时间一定要短,以 2~3 s 为好,接触时间长容易损坏焊盘。

对于热容量较小的焊点(例如印制电路板上的小焊盘),有时用三工序法概括操作,即将上述步骤②③合为一步,④⑤合为一步。实际上细微区分还是五工序,所以五工序法有普遍性,是掌握手工烙铁焊接的基本方法。特别是各步骤之间停留的时间,对保证焊接质量至关重要,只有通过实践才能逐步掌握。

5.2.5 焊点的质量要求

焊接是电子产品组装过程中的重要环节之一。焊点的质量与可靠性决定了电子产品的质量。良好焊点的机械性能和电气性能应该在设备的寿命周期内保证有效。对焊点的质量要求如下。

(1)焊接点要保证良好的导电性能

为使焊点有良好的导电性能,必须防止虚焊。虚焊是指焊料与被焊物表面没有形成合金结构,只是简单地依附在被焊金属的表面。焊接时如果不能形成或只有局部形成合金,则焊点不导电或导电性极差;或暂时导电,但随着时间的推移,没有形成合金的表面被氧化,出现时通时断的现象,影响产品的质量。

(2)焊点要有足够的机械强度

焊点要支撑元器件的重量,为了保证被焊件在受到振动或冲击时不至于脱落、松动,焊点要有足够的机械强度。影响焊点强度的因素有焊接质量、焊料性质和焊点的连接形式。为增强焊点强度,可增加焊盘的面积,使焊后形成的合金面积增大;还可以采用打弯元器件焊脚,实行勾接、绞合、网绕后再焊等方法,以增加机械强度。

(3)焊点表面要光洁美观

为使焊点表面光滑、清洁、整齐,不但要有熟练的焊接技能,而且还要选择合适的焊料和焊剂。焊接质量良好的焊点外表具有金属光泽;表面光亮圆滑,有半弓形下凹;无空隙,无毛刺,无裂纹,无针孔夹渣,无拉尖和棱角等现象。

常见的焊点缺陷及其原因见表 5-8。

表 5-8　常见的焊点缺陷及原因分析

焊点缺陷	外观特点	危害	产生原因
 焊料过多	焊料面呈凸形	浪费焊料且可能包含缺陷	焊锡撤离过迟
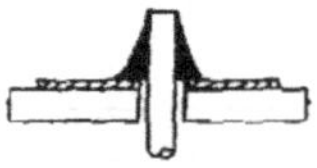 焊料过少	焊料未形成平滑面	机械强度不足	焊锡撤离过早
 松香焊	焊点中有松香渣	强度不足，导通不良	1. 焊剂过多，或失效； 2. 加热不足，焊接时间短； 3. 表面存在氧化膜
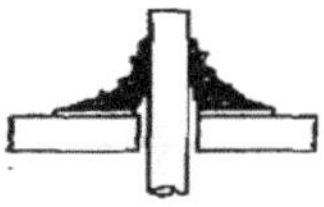 过热	焊点发白且无金属光泽，表面比较粗糙	焊盘易剥落	1. 烙铁功率过大； 2. 加热时间过长
 冷焊	表面呈豆腐渣状颗粒，有时有裂纹	强度低，导电性不好	焊料未凝固时焊件抖动
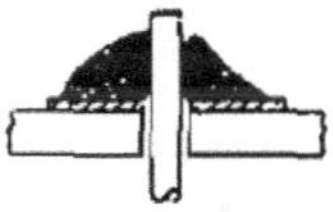 虚焊	焊料与焊件接触角过大，不平滑	强度低，导通不良	1. 焊件清理不够； 2. 助焊剂不足； 3. 焊件加热不充分
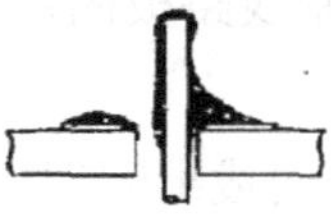 不对称	焊锡未流满焊盘	强度不足	1. 焊料流动性不好； 2. 助焊剂不足； 3. 焊件加热不充分
 松动	导线或元器件引线可移动	导通不良	1. 焊料未凝固时焊件抖动； 2. 引线未处理好
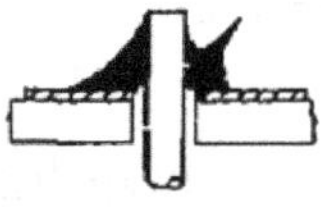 拉尖	出现尖端	外观不佳	1. 焊件加热不足； 2. 焊料不合格

续表

焊点缺陷	外观特点	危害	产生原因
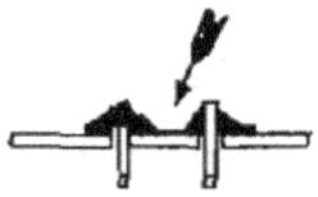 桥接	相邻导线搭接	电气短路	1. 焊料过多; 2. 烙铁撤离方向不对
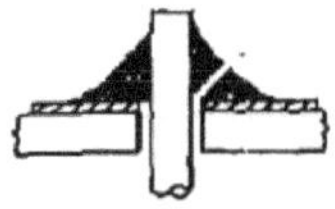 针孔	目测或放大镜可见有孔	焊点易被腐蚀	焊盘孔与引线间隙过大
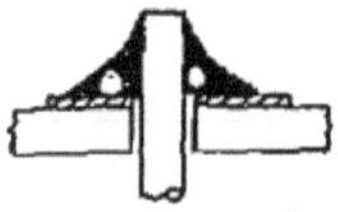 气泡	引线根部有时有焊料隆起,内部藏有空洞	暂时导通但长时间容易引起导通不良	引线与孔间隙过大或引线润湿性不良
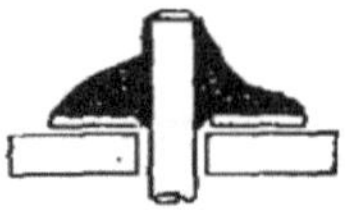 剥离	焊点剥落(不是铜箔剥落)	电气断路	焊盘镀层不良

5.2.6 拆焊(解焊)

在电子产品生成过程中,当焊接出现错误、损坏或进行调试、维修时,需要进行拆焊。拆焊是指把元器件从原来已经焊接的安装位置上拆卸下来。拆焊难度大,操作不当会造成元器件损坏、印制电路板导线断裂或焊盘脱落等损失。

(1)拆焊要求

①保证印制电路板良好,尽量避免损坏元器件、导线和原焊接部位的结构件。

②拆焊的工序一般与焊接工序相反,拆焊时要确定焊点的特点,将印制线路板固定,不损坏印制电路板上的焊盘与印制导线。

③烙铁头加热被拆焊点时,焊料熔化就应及时按垂直印制电路板的方向拔出元器件的引线,不管元器件的安装位置如何、是否容易取出,都不要强拉或扭转元器件,以免损伤印制电路板和其他元器件。

④拆焊时的加热时间较焊接时长,温度比焊接时高,要严格控制加热时间和温度,避免将元器件烫坏或使焊盘翘起、断裂等现象发生。

⑤在插装新元器件之前,必须把焊盘插线孔内的焊料清除干净,否则在插装新元器件引线时,将造成印制电路板的焊盘翘起。

清除焊盘插线孔内焊料的方法是:用合适的缝衣针或元器件的引线从印制电路板的非焊盘面插入孔内,然后用电烙铁对准焊盘插线孔加热,待焊料熔化时,缝衣针从孔中穿出,从而清除了孔内焊料。

(2)拆焊工具和材料

常用的拆焊工具有普通电烙铁、镊子、吸锡器、吸锡电烙铁、热风枪等。吸锡材料有屏蔽线编织层、细铜网等。

(3)拆焊方法

①分点拆焊法。印制电路板上的电阻、电容、普通电感、连接导线等只有两个焊点,且焊点间距离较远。拆焊时,可一边用电烙铁加热待拆元器件的焊点,一边用镊子或尖嘴钳夹住元器件引线将其轻轻拉出,先拆除一端焊接点的引线,再拆除另一端焊接点的引线。

②集中拆焊法。转换开关、晶体管及立式装置的原器件等,其焊点间距离较近,可用烙铁头同时快速交替加热几个焊点,待焊锡熔化后一次拔出。集成电路、插头座、中频变压器、多引线接插件等元器件,其焊点多而密,用电烙铁把焊点融化后,用吸锡工具把焊锡吸掉,这样就可以把元件从焊盘中抽出来。或者可用专用烙铁头同时对准各个焊点,一次加热取下。

③断线拆焊法。当被拆焊的元器件可能需要多次更换或已经拆焊过,可采用断线拆焊法对被拆焊的元器件不进行加热处理,而是用斜口钳剪下元器件,但需在原印制板上留出部分引脚,以便更新元器件时连接用。

5.3　焊接实训

5.3.1　铜丝焊接

1. 实训目的

①掌握恒温电烙铁、偏口钳、尖嘴钳等常用工具的使用方法。

②掌握正确的电烙铁手工锡焊操作方法。

2. 实训内容

用铜丝焊接工艺品。

3. 工具

恒温电烙铁、偏口钳、尖嘴钳等。

4. 步骤

①设计工艺品,画图;

②将铜丝用偏口钳剪成 1~2 mm 长小段;

③用所剪好的铜丝段焊接成自己设计的工艺品。

5.3.2　元器件焊接训练

1. 实训目的

①认识万能板的构成。

②掌握电烙铁手工镀锡方法。

③掌握 THT 元器件的引脚成型方法、THT 元器件的插装方法及 THT 元器件的手工焊

接方法。

④掌握元器件拆焊方法。

2. 实训内容

①电烙铁手工镀锡。

② THT 元器件引脚成型、插装、手工焊接。

③ THT 元器件拆焊。

3. 工具

恒温电烙铁、偏口钳、尖嘴钳、镊子、刻刀、吸锡器等。

4. 步骤

①检查万能板的焊盘上面是否已经氧化,检查元器件引线有无氧化、锈蚀及污物,如有,应清洁焊件表面。

②使用电烙铁对电子元器件的引线进行镀锡。

③元器件引线成型、插装。

④分别用卧式(贴板式、悬卧式)安装方法、立式(贴板垂直式、垂直浮式)安装方法、倾斜式安装方法焊接元器件。

⑤导线(单股导线、多股导线)焊接训练。

⑥焊后处理。检查有无漏焊、虚焊等现象。

⑦拆焊训练。用适当工具将所焊接的元器件拆卸下来。

5.4 表面安装技术 SMT

5.4.1 SMT 简介

SMT 是 Surface mounting technology 的简写,意为表面贴装技术,是无须对印制线路板钻插装孔而直接将元器件贴装焊接到印制线路板表面规定位置上的焊接技术。

SMT 从 20 世纪 70 年代发展起来,到 20 世纪 90 年代得到广泛应用。SMT 涉及电子元件、集成电路的设计制造技术 、电子产品的电路设计技术 、电路板的制造技术 、自动贴装设备的设计制造技术、电路装配制造工艺技术 、装配制造中使用的辅助材料的开发生产技术等多个学科领域,因而在初期发展较为缓慢,随着各学科领域的协调发展, SMT 在 20 世纪 90 年代得到迅速发展和普及,在 21 世纪已成为电子焊接技术的主流。

从上面的定义上可知,SMT 是从传统的穿孔插装技术(THT)发展起来但又区别于传统的 THT。图 5-24 是 THT 与 SMT 的安装比较,表 5-9 是 THT 与 SMT 的区别。

表 5-9　THT 与 SMT 的区别

	年 代	技术缩写	代表元器件	安装基板	安装方法	焊接技术
通孔安装	20 世纪 60~70 年代	THT	晶体管，轴向引线元件	单、双面 PCB	手工 / 半自动插装	手工焊，浸焊
	20 世纪 70~80 年代		单、双列直插 IC，轴向引线元器件编带	单面及多层 PCB	自动插装	波峰焊，浸焊，手工焊
表面安装	20 世纪 90 年代	SMT	SMC、SMD 片式封装 VSI、VLSI	高质量 SMB	自动贴片机	波峰焊，再流焊

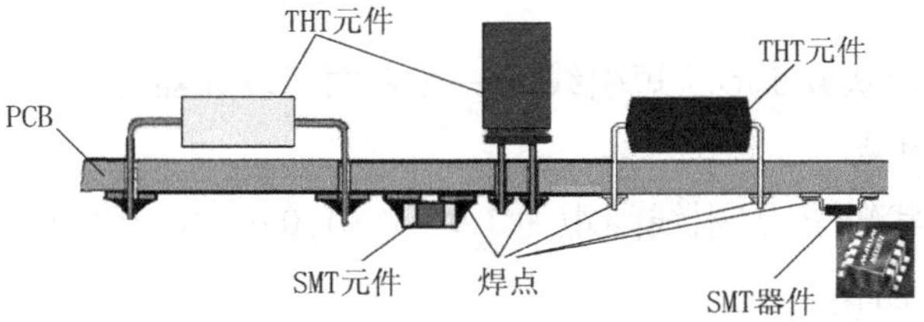

图 5-24　THT 与 SMT 的安装比较

5.4.2　SMT 的特点

与 THT 比较，SMT 最为突出的优点如下。

①组装密度高、电子产品体积小、重量轻。SMC、SMD 的体积只有传统元器件的 1/3~1/10，可以装在 PCB 的两面，有效利用了印制板的面积，减轻了电路板的重量。一般采用了 SMT 后，可使电子产品的体积缩小 40%~60%，重量减轻 60%~80%。

②可靠性高、抗振能力强，焊点缺陷率低。SMC 和 SMD 无引线或引线很短，重量轻，因而抗振能力强，焊点失效率可比 THT 至少降低一个数量级，大大提高了产品的可靠性。

③高频特性好，减少了电磁和射频干扰。SMT 密集安装减小了电磁干扰和射频干扰，尤其高频电路中减小了分布参数的影响，提高了信号传输速度，改善了高频特性，使整个产品性能得以提高。

④易于实现自动化，提高生产效率。SMT 更适合自动化大规模生产。采用计算机集成制造系统（CIMS），可使整个生产过程高度自动化，将生产效率提高到新的水平。

⑤降低成本，节省材料、能源、设备、人力、时间等。SMT 使 PCB 面积减小，成本降低；无引线和短引线使 SMD 和 SMC 成本降低，安装中省去引线成型、打弯、剪线的工序；频率特性提高，调试费用减少；焊点可靠性提高，调试和维修成本减小。一般情况下采用 SMT 后可使产品总成本下降 30% 以上。

5.4.3　SMT 元器件知识

由于安装方式的不同，SMT 元器件与 THT 元器件主要区别在外形封装上。另一方面由于 SMT 重点在减小体积,故 SMT 元器件以小功率元器件为主。又因为大部分 SMT 元器件为片式,通常又称片状元器件或表贴元器件,一般简称 SMD。

1. 名词解释

(1)小外形晶体管

采用小外形封装结构的表面组装晶体管。

(2)小外形二极管

采用小外形封装结构的表面组装二极管。

(3)片状元件

两端无引线,有焊接端,外形为薄片矩形的表面组装元件。

(4)小外形封装

元件两侧有翼形状或 J 形状短引线的一种表面组装元器件封装形式。

(5)四边扁平封装

四边具有翼形状短引线,引线间距为 1.00,0.80,0.65,0.50,0.40,0.30 mm 等的塑料封装薄形表面组装集成电路。

(6)细间距

细间距不大于 0.5 mm 的引脚间距。

(7)引脚共面性

表面组装元器件引脚垂直高度偏差,即引脚的最高脚底与最低三条引脚的脚底形成的平面之间的垂直距离。

2.SMT 元器件种类

随着 SMT 技术的普及,各种电子元器件几乎都有了 SMT 的封装,包括电阻(RESISTOR)、电容(CAPACITOR)、二极管(DIODE)、三极管(TRANSISTOR)、排插(CONNECTOR)、电感(COIL)、集成块(IC)、按钮(SWITCH)等。使用最广泛的是片状电阻电容。

片状电阻电容的类型、尺寸、温度特性、电阻电容值、允许误差等还没有统一标准,各生产厂商表示的方法也不同。目前我国市场上片状电阻电容(图 5-25)以公制代码表示外形尺寸。

图 5-25 片状电阻电容

(1)电阻

表 5-10 是常用片状电阻主要参数。

表 5-10　常用片状电阻主要参数

参数＼代码	1608/ *0603	2012/ *0805	3216/ *1206	3225/ *1210	5025/ *2010	6332/ *2512
外型长 × 宽（mm）	1.6 × 0.8	2.0 × 1.25	3.2 × 1.6	3.2 × 2.5	5.0 × 2.5	6.3 × 3.2
功率（W）	1/16	1/10	1/8	1/4	1/2	1
电压（V）		100	200	200	200	200

①单位：1 Ω=1 × 10^{-3} kΩ=1 × 10^{-6} MΩ

②规格：以元件的长和宽来定义。有 1608/*0603，2012/*0805，3216/*1206 等，最新片状元件为 1005（0402），0603（0201），目前应用较少。* 为英制代号。

③表示方法：

2R2=2.2 Ω，1k5=1.5 kΩ，2M5=2.5 MΩ，103 J=10 × 10^3 Ω=10 kΩ，1002F=100 × 10^2 Ω=10 kΩ。

阻值小于 10 Ω 用 R 代替小数点，例如 8R2 表示 8.2 Ω，0R 为跨接片，电流容量不超过 2 A。F、J 指误差，F 指 ± 1% 精密电阻，J 为 ± 5% 的普通电阻，F 的性能比 J 的性能好。电阻上面除 1005 片状电阻元件外，都标有数字，该数字代表电阻的容量。

④片状电阻厚度为 0.4~0.6 mm。

（2）电容

包括陶瓷电容 C/C 、钽电容 T/C、电解电容 E/C。

①单位：1 pF=1 × 10^{-3} nF =1 × 10^{-6} μF =1 × 10^{-9} mF =1 × 10^{-12} F

②规格：片状电容主要是陶瓷叠片独石结构，其外形代码与片状电阻含义相同。主要有：1005/*0402，1608/*0603，2012/*0805，3216/*1206，3225/*1210，4532/*1812，5664/*2225 等。

③表式方法：

103 k=10 × 10^3 pF=10 nF，104Z=10 × 10^4 pF=100 nF，0R5=0.5 pF。

注意：电解电容和钽电容是有方向的。

④片状电容元件厚度为 0.9~4.0 mm。

⑤片状陶瓷电容依所用陶瓷的不同，分为以下三种，其代号及特性如下。

NPO：Ⅰ类陶瓷，性能稳定，损耗小，用于高频高稳定场合。

X7R：Ⅱ类陶瓷，性能较稳定，用于要求较高的中低频的场合。

Y5V：Ⅲ类低频陶瓷，比容大，稳定性差，用于容量、损耗要求不高的场合。

⑥片状陶瓷电容的电容值也采用数码法表示，但不印在元件上。其他参数如（偏差值、耐压值等）表示方法与普通电容相同。

（3）二极管

有整流二极管、稳压二极管、发光二极管。二极管有方向，其正负极可以用万用表测试。

(4)集成块(IC)

分为 SOP、SOJ、QFP、PLCC 四类。常用 SOP 和四列扁平封装 QFP(Quad flat package)封装。这种封装属于有引线封装。图 5-26 为 SOP 封装,图 5-27 为 QFP 封装。

图 5-26 SOP 封装

图 5-27 QFP 封装

BGA 封装应用日益广泛,主要用于引线多、要求微型化的电路,图 5-28 是 BGA 封装电路示例。

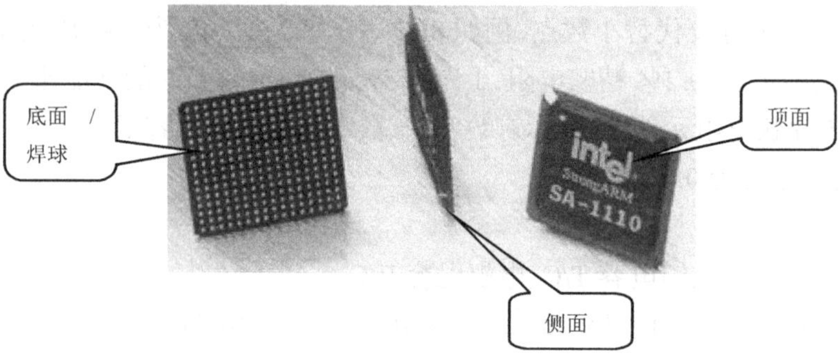

图 5-28 BGA 封装

(5)电感

①单位:1 H=10^3 mH=10^6 μH=10^9 nH。

②表示形式有 R68 J=680 nH，101 J=100 μH，1R0=1 μH，150 K=15 μH。

J、K 指误差,其精度值同电容。

5.4.4 印制板

(1)印制板的特殊要求

①外观要求光滑平整,不能有翘曲或高低不平。

②热胀系数小,导热系数高,耐热性好。

③铜箔粘合牢固,抗弯强度大。

④基板介电常数小,绝缘电阻高。

(2)焊盘设计

片状元器件焊盘形状对焊点强度和可靠性关系重大,这里以片状阻容元件焊盘设计为例,如图 5-29 所示。

大部分 SMC 和 SMD 在 CAD 软件中都有对应焊盘图形，只要正确选择，即可满足一般设计要求。

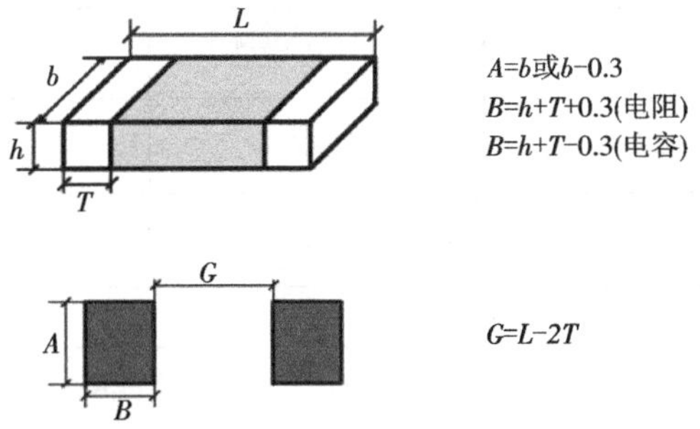

图 5-29　片状阻容元件焊盘

5.5　实习产品（循环流水灯）简介

1. 功能原理

（1）555 定时器工作原理

555 定时器含有两个电压比较器，一个基本 RS 触发器，一个放电开关 T_D。比较器的参考电压由三只 5 kΩ 的电阻器构成分压，它们分别使高电平比较器 C_1 同相比较端和低电平比较器 C_2 的反相输入端的参考电平为 $\frac{2}{3}V_{CC}$ 和 $\frac{1}{3}V_{CC}$。C_1 和 C_2 的输出端控制 RS 触发器状态和放电管开关状态。当输入信号输入自 6 脚输入并超过 $\frac{2}{3}V_{CC}$ 时，触发器复位，555 的输出端 3 脚输出低电平，同时放电，开关管导通；当输入信号自 2 脚输入并低于 $\frac{1}{3}V_{CC}$ 时，触发器置位，555 的 3 脚输出高电平，同时放电，开关管截止。

$\overline{R}_D$ 是复位端，当其为 0 时，555 输出低电平。平时该端开路或接 V_{CC}。

V_{CO} 是控制电压端（5 脚），平时输出 $\frac{2}{3}V_{CC}$ 作为比较器 C_1 的参考电平，当 5 脚外接一个输入电压，即改变了比较器的参考电平，从而实现对输出的另一种控制，在不接外加电压时，通常接一个 0.01 μF 的电容器到地，起滤波作用，以消除外来的干扰，确保参考电平的稳定。

TD 为放电管，当其导通时，将给接于脚 7 的电容器提供低阻放电电路。

555 电路的逻辑功能如表 5-11 所示。NE555 定时器内部结构如 5-30 所示。

表 5-11　555 电路的逻辑功能

$\overline{TR}$ 触发	TH 阈值	$\overline{RD}$ 复位	DIS 放电端	OUT 输出
$>\frac{1}{3}V_{cc}$	$>\frac{2}{3}V_{cc}$	H	导通	L
$>\frac{1}{3}V_{cc}$	$<\frac{2}{3}V_{cc}$	H	原状态	
$<\frac{1}{3}V_{cc}$		H	截止	H
		L	导通	L

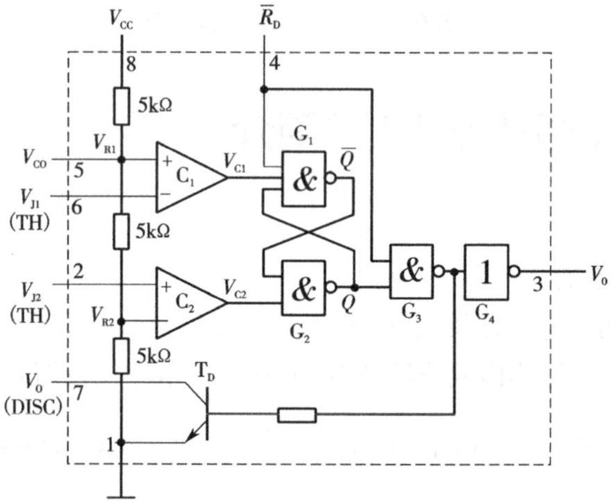

图 5-30　NE555 定时器内部结构

（2）多谐振荡器工作原理

多谐振荡器是能够产生矩形波的一种自激振荡电路，由于矩形波中除基波外还含有丰富的高次谐波，故称为多谐振荡器。多谐振荡器没有稳态，只有两个暂稳态，在自身因素的作用下，电路就在两个暂稳态之间来回转换，故又称为无稳态电路。

多谐振荡器电路如图 5-31 所示。引脚 2 与引脚 6 相连，外接元件 R_1、R_2、C。工作过程为：接通电源，电容 C 初始值为 0，$U_0=1$，VT 截止，电源通过电阻 R_1 和 R_2 对电容 C 充电，U_C 上升，充电时间 $T=(R_1+R_2)C$；当 $U_C \geqslant 2V_{CC}/3$ 时，$U_0=0$，VT 导通，C 放电，放电时间 $T=R_2C$；当 $V_{CC}/3 \leqslant U_C<2V_{CC}/3$ 时，$U_0=0$；当 $U_C<V_{CC}/3$ 时，电路状态翻转，如此周而复始地对 C 充电、放电，输出一定频率的矩形脉冲。多谐振荡器没有稳态，只有 0 和 1 两个暂稳态，根据电容的充、放电作用自动转换，产生矩形脉冲信号，电容 C 充电暂稳态时间 $TP_H=0.7(R_1+R_2)C$，放电暂稳态时间 $TP_L=0.7R_2C$。多谐振荡器多用于脉冲信号源。波形如图 5-32 所示。

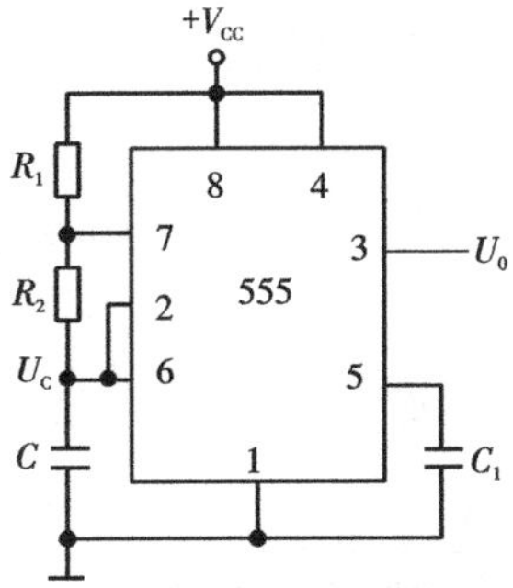

图 5-31　多谐振荡器电路

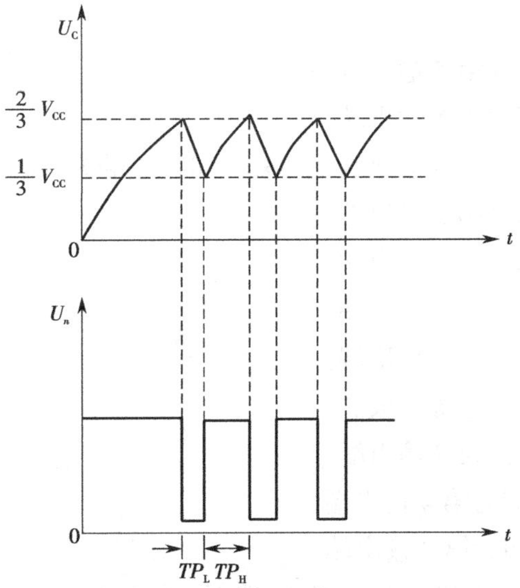

图 5-32　多谐振荡器波形

（3）CD4017 工作原理

CD4017 是一种十进制计数器 / 脉冲分配器。CD4017 是 5 位 Johnson 计数器，具有 10 个译码输出端和 CP、CR、INH 输入端。时钟输入端的斯密特触发器具有脉冲整形功能，对输入时钟脉冲上升和下降时间无限制。图 5-33 为 CD4017 引脚排列图。

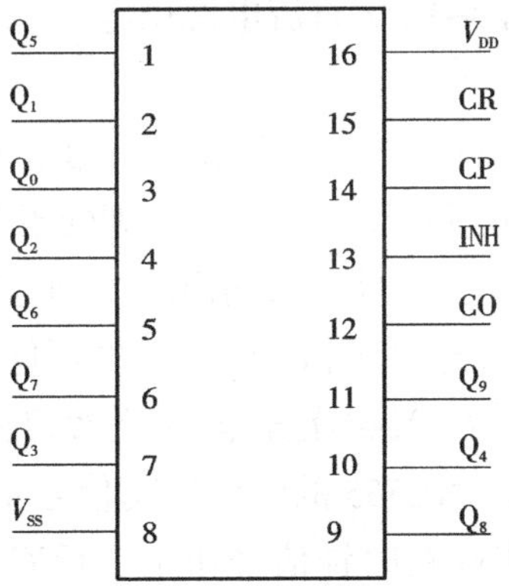

图 5-33　CD4017 引脚排列图

当复位端 R 加上高电平和正脉冲时，除输出端 Q_0 为高电平“1”外，其余输出端即 Q_1~Q_9 均输出低电平“0”。当时钟输入端 INH 接地时，CP 端对输入时钟脉冲的上升沿计数；当时钟输入端 CP 接高电平时，INH 端对时钟脉冲的下降沿计数，设置这两个输入端是为了级连时更加方便。Q_0~Q_9 10 个输出端的输出状态分别与输入的时钟脉冲个数相对应。如果计数从 0 开始，则输入第 1 个时钟脉冲时，Q_1 就变为高电平；输入第 2 个时钟脉冲时，Q_2 为高电平，以此类推，直至输入第 10 个脉冲，就回复到 Q_0 为高电平。同时进位端 CO 就输出 1 个进位脉冲，作为下一级计数器的时钟信号。CR 为复位端，也称清零端，当 CR 输入高电平时，电路复位，即输出端 Q_0 为高电平，Q_1~Q_9 为低电平。各引脚功能如下。

1 脚为第 5 输出端。

2 脚为第 1 输出端。

3 脚为第 0 输出端，电路清零时，该端为高电平。

4 脚为第 2 输出端。

5 脚为第 6 输出端。

6 脚为第 7 输出端。

7 脚为第 3 输出端。

8 脚为电源负极。

9 脚为第 8 输出端。

10 脚为第 4 输出端。

11 脚为第 9 输出端。

12 脚为级连进位输出端，每输入 10 个时钟脉冲，就可以得到一个计数器的时钟信号。

13 脚为时钟输入端，脉冲下降沿有效。

14 脚为时钟输入端，脉冲上升沿有效。

15 脚为清零输入端，在该管脚加高电平或正脉冲时，CD4017 计数器中各计数单元输出低电平“0”，在译码器中，只有对应“0”状态的输出端 3 脚为高电平。

16 脚为电源正极，可以使用 3~18 V 直流电源供电。

（4）流水灯工作原理

流水灯工作原理如图 5-34 所示。焊接完成以后，通电形成流水灯检测焊接的效果。刚通电时由于电容 C_1 两端电压不能突变，NE555 的 2 脚处于低电平，输出端 3 脚呈高电平，当电源经 R_{20}、R_{19} 向 C_1 充电到 2/3 电源电压时，输出端 3 脚电平由高变低，NE555 内部放电管导通，电容 C_1 经 NE555 的 7 脚放电，直到 C_1 两端的电压低于 1/3 电源电压时，NE555 的 3 脚电平又由低电平变为高电平，C_1 又再次充电，如此循环形成了振荡。改变 R_{19} 的阻值大小，可以改变振荡器的输出频率。NE555 的时钟振荡信号不断地加在 CD4017 的 14 脚，L_0 不断闪烁，CD4017 的 10 个输出端在时钟信号作用下轮流产生高电平，则 L_1~L_{10} 依次被点亮，从而形成流水灯效果。CD4017 的 12 脚输出脉冲信号经过二极管 D_1~D_4 控制三极管 Q_1~Q_4，以驱动发光二极管 D_{16}~D_{19} 闪烁。焊接时注意：由于贴片元件比较小，注意不要丢失，发光二极管、二极管、芯片都有方向，焊接时一定要注意！发光二极管绿点为负极，用万用表二极管挡点亮发光二极管，红表笔为正极，二极管黑色端为负极。供电时注意电源正极接 +，负极接 −，供电电压 4~7 V。

2. 产品介绍

如图 5-35 所示，印制板分成中间的作品区域和两边的练习区域。

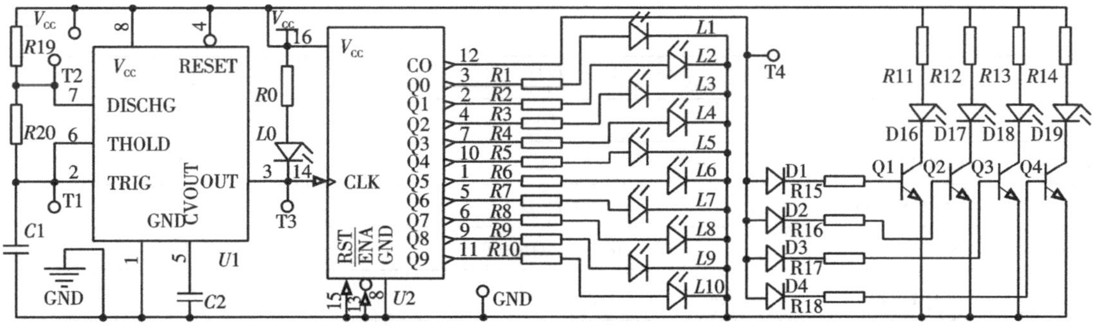

图 5-34　流水灯电路原理图

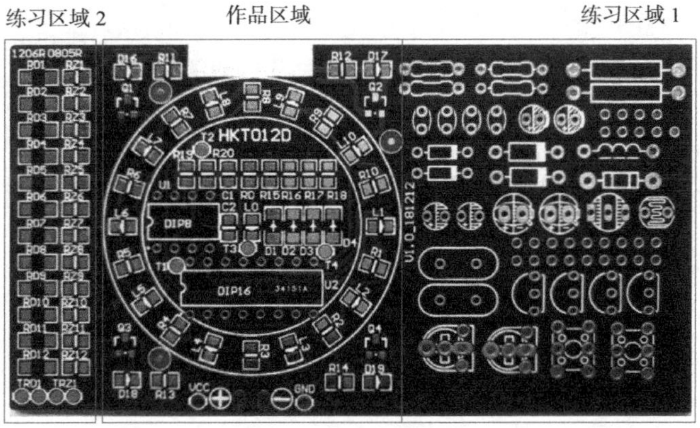

图 5-35　流水灯印制板

（1）练习区域 1

图 5-35 最右边的练习区域 1 是用来进行通孔插装元器件的识别、测量与焊接练习。元器件包括色环电阻、光敏电阻、电位器、瓷片电容、电解电容、电感、光敏二极管、发光二极管、开关二极管、三极管、微型轻触开关、晶振等。

（2）练习区域 2

图 5-35 最左边为练习区域 2，用来进行表面安装元器件的焊接练习。包括 0805 电阻（RZ1~12）与 1206 电阻（RD1~12）两种元件。

（3）作品区域

图 5-35 中间为作品区域。流水灯元器件清单如表 5-12 所示。

表 5-12　流水灯元器件清单

参数	代号	数量
100~820 Ω/0805	R_0—R_{14}	15
1~10 MΩ/0805	R_{20}	1
1~20 kΩ/0805	R_{15}—R_{19}	5
S8050/SOT-23	Q_1—Q_4	4

续表

参数	代号	数量
NE555 带座	*U*1	1
CD4017 带座	*U*2	1
1N4148/1206	D1—D4	4
发光管 /0805	*L*0—*L*10，D16—D19	11+4
0.1μF/0805	*C*1—*C*2	2

第六章　电子电路的安装与调试

6.1　概述

常用的电子电路的设计方法和步骤在电子信息工程技术中占有非常重要的位置,同时也是电子课程设计教学中的重要内容。本章将介绍有关电子电路设计的基础知识以及一般的设计方法和步骤。

6.1.1　电子产品的研制开发过程

①选题。选题是否合适,关系到研制工作的难易和产品的经济效益,甚至是产品研制成败的关键。

②拟定性能指标是电子电路设计中最先遇到的问题。提出一套完整的、合适的性能指标并不是一件容易的事。设计刚开始时提出的性能指标,可能某些方面不够准确或不切实际,某些要求可能提得太武断或安全系数太大等。这些问题可能要到预设计阶段,甚至试生产或使用阶段才能发现。因次,产品的性能指标一般要在研制过程中反复修改,才能最后确定。

③预设计包括定出总方案,落实各环节的具体电路,计算出它们的参数值,画出总体电路图。

④工艺设计包括设计印刷电路板的布线,编写各部件(例如插件板、面板等)之间的接线表,画出各插头、插座的接线图和机箱加工图等。

⑤试生产。样机制作完成后,可根据具体情况试生产若干台,并交使用单位试用。若发现问题,应及时改进,作出合格的定型产品,再进行鉴定。在确信有令人满意的经济效益后,才能投入批量生产。

6.1.2　电子电路设计的地位与作用

通常所说的电子电路的设计,包括拟定性能指标、原理电路的预设计、实验和修改四个环节。如果设计时所采用的方案和电路不好,选用的元器件太贵或筛选困难等,往往会造成产品性能差,生产困难,成本高,销路不好,经济效益不佳等,甚至不得不考虑重新设计,但那时已经错过良机,以致造成整个研制工作的失败。因此,电子电路设计的质量对产品性能的优劣和经济效益的高低具有举足轻重的作用。

对于设计而言,通过电子电路设计可以帮助学生巩固有关的课程内容,帮助生产商获得更大的效益。

6.1.3 衡量设计质量的指标

全面衡量设计质量的指标如下：

①工作稳定可靠，保证能达到所要求的性能指标，并留有适当的裕量；

②电路简单；

③成本低；

④耗电少；

⑤所采用的元器件品种少，体积小，且货源充足；

⑥便于生产，容易调试；

⑦维修方便。

通常，希望自己设计的电子电路能同时符合以上各项要求，但有时会遇到相互矛盾的情况。例如，在设计中如果要想使耗电最少或体积最小，则成本高或可靠性差。此时应抓住主要矛盾。例如，对于用交流电网供电的电子设备，如果电路总的功耗不大，那么功耗的大小不是主要矛盾，而对于用微型电池供电的航天仪表，功耗的大小则是主要的矛盾了。

6.2 电子电路的安装

电子电路的安装与调试在电子工程技术中占有重要地位。它是把理论付诸于实践的过程，是把人们的主观思想转变成电路和电子设备的过程，是把设计转变成产品的过程。

电子电路是否达到设计要求，不仅取决于电路原理图的正确设计，而且还与电路安装的合理性密切相关。安装技术的优劣，不仅影响外观质量，而且影响电子产品的性能，影响到调试与维修。电子电路的安装，首先要考虑到电路安装布局，电子电路安装布局分电子装置整体结构布局和电路板上元器件的结构布局两种。

6.2.1 整体布局

整体布局大致需要考虑以下问题。

(1)电子装置重心要平衡

比较重的器件如(变压器)应安装到底部，以降低装置的重心。装置前后、左右重量要平衡。

(2)电子装置电路板的布置

①单板还是多板布置。单板结构简单、可靠性高、使用方便。如果电路规模不大或电路规模虽大但安装空间没有限制，则尽可能采用单板结构，否则采用多板结构。

②分板原则如下。

a. 将能独立完成某种功能的电路放在同一电路板上，特别是要求一点接地的电路部分尽量置于同一板内。

b. 高低电平相差较大，相互容易干扰的电路应分板布置。

c. 电路分板部位应选在相互之间连线较少的部位以及频率、阻抗较低的部位。这样有利于抗干扰,同时又便于调试。同时要注意连线的相互影响,强电流线与弱电流线分开走,输入级的输入线与输出级的输出线分开走。

(3)区域划分

将系统电路按数字、模拟、功率分类,按电路类型进行位置划分。模拟电路与数字电路分开,以降低数字噪声对敏感的模拟电路的耦合;功率驱动部分为大功率电路部分,噪声能量大,应与模拟和数字分开。

(4)利于散热、远离热源

电源变压器、功率器件、大功率电阻等发热源器件要注意通风散热,发热元件可安装散热片,置于装置边缘容易散热的部位,必要时装小型排风扇。半导体器件、热敏器件、电解电容应尽可能远离发热器件。

(5)注意电磁干扰

①容易受干扰的元器件(如高放大倍数放大器的第一阶段)应尽可能远离干扰源(如变压器、高频振荡器、继电器、接触器等)。当远离有困难时,应采取屏蔽措施,即将干扰源屏蔽或将易受干扰的元器件屏蔽起来。

②输入级尽可能远离输出级。

(6)实用

注意安装、调试、维修的方便,以及整体布局的美观。

6.2.2 电路板的结构布局

在一块电路板上按电路图把元器件组装成电路时,必须考虑元器件在电路板上的结构布局。布局是否合理不仅影响后面的布线工作,而且对整个电路板电气性能有一定的影响。

1. 布局要求

①首先要保证电路功能和性能指标。

②在此基础上满足工艺性、检测、维修方面的要求。工艺性包括元器件的排列顺序、方向、引线间距等。考虑到印刷电路板检测时信号注入或测试,应设置必要的测试点或调整空间,以及考虑有关元器件的替换维修等。

③适当兼顾美观性,元器件排列整齐,疏密得当。

2. 布放顺序

①先大后小,先安放面积较大的元器件。

②先集成后分立。

③先主后次,多块集成电路时先放置主电路。

3. 布局原则

①信号流原则。按电路信号流向布放,避免输入输出、高低电平部分交叉。

②就近原则。当电路板上对外连接确定后,相关电路部分应就近安放,避免走远路,绕弯子,尤其忌讳交叉穿插。

③散热原则。有利于发热元器件散热。

6.2.3 元器件的插接技术

电路组装方式通常有插接方式和焊接方式两种。插接方式是在面包板上进行，而焊接方式是在印刷板上进行。

1. 常用面包板

一种是两侧各一条插孔，另一种是两侧各两条插孔，这种面包板的背面贴有一层泡沫塑料，用于防止静电。面包板是一个有许多小方孔的塑料板，每个小方孔内装有供插接元器件引脚或导线的金属弹簧片。因此，电路元器件和连线可以插入小孔中，组装成满足任何要求的电路。

一块面包板的面积有限，当电路规模比较大时，可将多块面包板拼起来使用。

使用面包板组装电路很方便，容易更换线路和器件，而且可以多次使用。在多次使用面包板后，弹簧片会变松，弹性变差，容易造成接触不良，而接触不良和虚焊同样不易查找。因此，多次使用的面包板，应从背面揭开，取出弹性差的弹簧片，进行修复后再插入原来的位置，以使弹性增强，增强面包板的可靠性和使用寿命。

2. 插接技术

(1)集成块的插接

双列直插式集成电路要插在面包板中间槽的两边，为了便于正确布线和查线，所有集成块的插入方向要保持一致，不能为了临时走线方便或者缩短导线长度而把集成块倒插。为防止集成电路受损，在插入或拔出时要非常细心，插入时所有引脚均对准插座板上的小孔，均匀用力按下；拔出时，必须用专用拔钳夹住集成块两头，垂直往上拔起，以免其受力不匀使引脚弯曲或断裂。对于多次使用集成块的引脚，必须修理整齐，引脚不能弯曲，所有的引脚应稍向外偏，这样才能使引脚与插孔接触良好。

(2)分立元件的插接。安装的分立元件应便于看到其极性和标志。为了防止露出的引线短路，必须套上套管，一般不剪短引脚，以便重复使用。

(3)连线的插接。准备连线时，通常用 0.6 mm 的单股引导线。根据布线要求的连线长度剪好导线，剥去导线两头的绝缘皮(约 6 mm)，然后把导线两头弯曲成直角。把准备好的连线插入相应位置的插孔中。拔出连线时，应用镊子夹住导线后垂直拔出插孔，不要用手拔出，以免损坏导线。连线要求贴紧面包板，不要留空隙。为了查线方便和美观，连线应用不同的颜色(一般情况，正电源线用红色，负电源线用蓝色，信号线用黄色等)，连线应尽量采用横平竖直布线，不准连线跨接在集成块上，也不准导线重叠。一个插孔中只准插一根导线，不准插两根导线。插孔允许通过的电流一般不大(500 mA 以下)，因此，电流大的负载不能用插孔连线，必须改用其他方式连线。

6.3 电子电路的调试

把电子元器件连接起来,实现特定功能的关键一步是调试。任何电子电路都必须经过认真、细致的调试,才能获得满意的性能要求。

6.3.1 调试方法

电子电路调试方法有分块调试法和整体调试法两种。

(1)分块调试法

分块调试是把总体电路按功能分成若干个模块,对每个模块分别进行调试。模块的调试顺序最好是按信号的流向一块一块地进行,逐步扩大调试的范围,最后完成总调。

实施分块调试法有两种方式:一种是边安装边调试,即按信号流向,组装一模块就调试一模块,然后就继续组装其他模块;另一种是整体电路一次组装完毕后,再分块调试。

分块调试法的优点是:问题出现的范围小,可及时发现,易于解决。所以,此种方法适于新设计电路和课程设计。

(2)整体调试法

此种方法是把整个电路组装完毕后,不再进行分块调试,实行一次性总调。显然,这只适于定型产品或某些需要相互配合、不能分块调试的产品。

6.3.2 调试步骤

(1)通电前检查

任何组装好的电子电路在通电调试之前,必须认真检查电路是否有错误。检查的方法是对照电路图,按一定的顺序逐级对应检查。

特别应注意检查电源是否接错,电源与地是否有短接,二极管方向和电解电容的极性是否接反,集成电路和晶体管的引脚是否接错,轻轻拔一拔元器件,观察焊点是否牢固等。

(2)通电检查

一定要调试好所需的电源电压数值,然后才能给电路接通电源。电源一经接通,不要急于用仪器观察波形和数据,而是要观察是否有异常现象,如冒烟、异常气味、放电的声光、元器件发烫等。如果有,不要惊慌失措,应立即切断电源,待排除故障后方可重新接通电源。然后,再测量集成块的电源引脚电压是否正常,以确信集成电路是否已通电工作。

(3)分块测试

分块测试时应明确本部分的调试要求,按调试要求测试性能指标和观察波形。调试顺序按信号的流向进行,这样可以把前面调试过的输出信号作为后一级的输入信号,为最后的整机联调创造条件。电路调试包括静态调试和动态调试。

①静态调试:静态调试一般是指在不加输入信号,或只加固定的电平信号的条件下所进

行的直流测试,可用万用表测出电路中各点的电位,通过和理论估算值比较,结合电路原理的分析,判断电路直流工作状态是否正常,及时发现电路中已损坏或处于临界工作状态的元器件。通过更换器件或调整电路参数,使电路直流工作状态符合设计要求。

②动态调试:动态调试是在静态调试的基础上进行的,在电路的输入端加入合适信号,按信号的流向,顺序检测各测试点的输出信号,若发现不正常现象,应分析其原因,并排除故障,再进行调试,直到满足要求。

(4)整机联调

各单元电路调试完成后就为整机调试打下了基础。整机联调时应观察各单元电路连接后各级之间的信号关系,主要观察动态结果,检查电路的性能和参数,分析测量的数据和波形是否符合设计要求。如有不符合要求,则应仔细检查问题所在,一般是对某些元件参数加以调整和改变,如仍达不到要求,则应对某部分电路进行修改,甚至对整个电路加以修改,或推倒重来。

6.3.3 电路调试中出现的故障类型及原因

在实验中,出现故障常常是不可避免的。分析和处理故障的过程就是从故障现象出发,通过反复测试,作出分析判断,逐步找出问题。

常见的电路故障类型如下。

1. 开路故障

当电路中没有电压、没有电流、测试仪表指针不偏转、示波器无波形显示等现象时,说明电路发生了开路故障。产生这类故障的原因可能是焊点为虚焊、接线松动、接触不良、引线或导线接头折断、电源保险丝熔断或电路元器件损坏等。

2. 短路故障

电路发生短路故障时,电路中电流剧增,仪表指针急速偏转而打弯,保险丝熔断,并常伴有冒烟、烧焦气味、有响声、发热等现象,严重的会损坏电路元器件或仪器、设备,这类故障属于破坏性故障。产生原因可能是线路裸露部分相碰、焊点相互靠得太近而造成短路、连接错误,或有过电压、过电流破坏了绝缘等。

发生开路故障和短路故障后,若不消除产生故障的原因,则故障永久存在,电路不能工作,所以它们是永久性故障。

3. 软故障与硬故障

它们是介于前二类故障之间的一类故障,由于电路元器件不稳定(如元器件质量差,或使用时间较长,或工作环境恶劣造成元器件老化,或性能变坏,使电路逐渐偏离原来的性能指标),测试时测试数据与理论值相差甚远,这类故障称为软故障。由于这类故障不至于一时使电路元器件、仪器与设备损坏,又把这类故障称为非破坏性故障。但是,当渐变到一定程度,元器件参数突然发生很大的变化,致使电路出现开路或短路故障,电路无法正常工作。相对软故障而言,将这类故障称为硬故障。可见,情况不严重的故障若不及时处理,会转化成严重的故障。

4. 间歇故障

由于元器件参数不稳定,电路有接触不良或电源电压不稳定,使电路有时能正常工作,有时又不能正常工作,这类故障称为间歇故障。

一般开路故障、短路故障等这类永久性故障比间歇故障容易检查,硬故障比软故障要容易检测。

另外,在调整、测试工作中,往往需要外接一些测试仪器、设备,如电工仪表、直流稳压电源、信号发生器、毫伏表、示波器等。经常会有与测试仪器或设备连接有误,或测试条件不当,或仪器使用不当等现象发生,在生产实践中一定要注意这类故障。在调试中也会出现这类故障,原因如下:

①实际电路与设计原理图不符;

②元器件使用不当;

③设计的原理图本身不满足要求;

④误操作。

查找这类故障的方法如下。

(1)通用方法

①测量元器件引脚电源电压。当使用面包板作实验出现故障时,应检查引脚接触是否良好,若接触不良,会导致元器件本身无法正常工作。

②断开故障模块输出端所接的负载,可以判断故障来自模块本身或负载。

③检查安装的线路与原理图是否一致,包括连线、元件的极性及参数集成电路的安装位置是否正确等。

④检查用于测量的仪器是否使用得当。

⑤检查元器件使用是否得当或者已经损坏。在试验中大量使用的是中等规模集成电路,由于它的引出端较多,使用中有时会将引出端接错,从而造成故障。在电路中,由于安装前经过调试,元器件损坏的可能性很小,如果怀疑某一器件损坏,必须对它进行单独测试,对确已损坏的器件应予以更换。

⑥对反馈回路的故障判断比较困难。因为它是把输出信号的部分或全部以某种方式送到前面模块的输入端,使系统形成一个闭环回路,在这个闭环回路中只要有一个模块出现故障,则整个系统处处存在故障现象。查找故障需要把反馈回路断开,接入一个合适的输入信号,使系统形成一个开环系统,然后再逐一查找发生故障的模块及故障元器件等。

(2)观察判断法

对于自己设计的系统或非常熟悉的电路发生故障时,因为对各部分的原理及性能指标、波形形状已有较透彻的了解,所以通过仪器、仪表观察到的读数和波形,可以直接判断故障发生的部位及原因,从而准确、快速地找到故障并加以排除。

(3)数字电路故障分析的特点

数字电路的故障和排除相对比较简单,除三态电路外,其余数字电路的输入与输出只有高电平和低电平两种状态。查找故障可以先进行动态测试,缩小故障的范围,再进行静态测试,查出故障的具体位置。

查找故障首先要有合适的信号源和示波器,示波器的频带一般应大于 10 MHz,而且应该用双踪示波器同时观察输入和输出的波形、相位关系。查找故障的过程仍然可以按顺序进行,把输出的结果和预期的状态相比较,通过动态测试把故障缩小到最小范围。

6.3.4 电路故障的诊断方法

电路出现故障时,首先应观察电路的焊点有无脱焊,导线有无折断,接插件有无松脱,电容器是否漏液或炸裂,触摸半导体器件外壳是否过热等。若经直接观察未发现原因,则可用以下的方法解决。

①信号寻迹法。寻找电路故障时,一般可以按信号的流程逐级进行。从电路的输入端加入适当的信号,用示波器或电压表等仪器逐级检查信号在电路内各部分传输的情况,根据电路的工作原理分析电路的功能是否正常,直到查出故障所在的地方。

②分割测试法。对于一些反馈电路,因为它把输出信号的部分或全部以某种方式送到输入端,使系统形成一个闭环回路。在这个闭环回路中只要一个部位出故障,则整个系统存在故障。这时可以采用分割反馈回路的方法,将反馈回路断开,查出故障部分。

③电容器旁路法。在放大电路中,旁路电容失效或开路,使负反馈加强,输出量下降,此时用适当的电容并联在旁路电容两端,就可以看出输出幅度恢复正常,也就可断定旁路电容的问题。这种检测可能要多处试验才有结果,这时要细心分析可能引起故障的原因。这种方法也用来检查电源干扰、寄生震荡等故障。

④对比法。将有问题的电路状态、参数与相同的正常电路进行逐项对比。此方法可以较快地从异常的参数中分析出故障。

⑤替代法。把已调试好的单元电路替代有故障或有疑问的相同单元电路(注意共地),这样可以很快判断故障部位。有时元器件的故障不很明显(如电阻变质、晶体管和集成电路性能下降等),这时用相同规格的优质元器件逐一替代试验,就可以具体判断故障点,加快查找故障的速度。

6.3.5 电子电路中常见的干扰

电路的干扰既可来自电子系统内部,亦可来自电子系统外部。内部干扰是指元器件本身产生的干扰,通过电源、地线、分布电容和电感等途径影响系统工作。功率级内高频振荡电路和功率开关电路所产生的噪声信号是系统内部的主要干扰源。外部干扰是指雷电干扰、电子系统周围的电气设备产生的干扰,如大功率电子设备的启停等。

干扰源、耦合路径和接收电路是构成干扰的三要素。因干扰源是客观存在的,不可能消除,所以,常用切断干扰的耦合路径和消弱电路本身对干扰的敏感度来抑制。

根据干扰耦合路径,干扰可分为以下几种:

①来自电网的干扰;

②来自电线的干扰;

③来自信号通道的干扰；

④来自空间电磁辐射的干扰。

来自空间电磁辐射的干扰一般不太严重，只要电子系统与干扰源保持一定距离或采取适当的屏蔽措施，基本上就可解决。

6.4 电子产品的装配

6.4.1 电子产品设计结构

任何一台电子产品的设计均由两个独立部分组成，一部分是电子线路设计，另一部分是结构设计。随着科学技术的飞跃发展，新工艺和新材料不断推出，电子产品越来越智能化、小型化和多功能化，这对电子产品工艺结构设计提出了更新、更高的要求。

所谓电子产品的结构设计，是指电子产品的物理结构或机械结构设计，是和电路设计、工艺设计紧密结合在一起的设计项目。主要设计内容如下。

①电子电路模块的划分。根据产品的功能和应用特点，将整个电子电路划分为若干个相对独立的模块，确定每个模块印制电路板的尺寸。小的简单装置只需要一个模块。

②确定每个模块之间及与其他少量分散的元器件（如扬声器、变压器、电源插座等）之间的接口方法及接口器件。

③机箱的设计。全面考虑模块和各部件的机械安装和固定的方法，方便其相互连接；决定机箱使用的材质；外观美观，使用操作方便。

④全面考虑产品的抗干扰性能、防辐射性能、抗震性能、抗冲击性能、抗高温性能及防潮性能等，进行相应设计。

⑤产品经济性设计，即在满足产品设计、应用要求的前提下，结构设计要尽可能经济，以获得较高的性价比。

6.4.2 电子产品装配工艺概述

装配工艺是将电子零部件按工艺设计要求装配到规定的位置上的技艺。安装时，有一部分电子元器件、导线是通过焊接固定的，还有一部分电子元器件、导线是通过螺钉进行紧固的。任何一台紧密的电子仪器都有可能由于一个虚焊点或一个螺钉的松动而无法正常工作，因此安装质量要靠工艺设计和操作人员的技术水平来保证。

1. 产品使用安全

电子产品离不开电，保证产品使用安全很重要。不良的装配不仅会影响产品的性能，严重时还会造成安全隐患。例如，电子产品在安装时通常会利用紧固变压器螺钉来固定电源线，螺钉安装在设备的外壳上，电源线在螺钉的紧固作用下会变形，时间长了电源线的绝缘层可能会被破坏，导致芯线直接与外壳连接，造成漏电事故。所以，这样的安装是不合适的。要保证千差万别的电子产品能够安全使用，必须采用安全的安装技术。

2. 电气连接性

任何一台电子设备中的电气连接导通与绝缘时,产生的接触电阻和绝缘电阻的大小与产品性能以及质量有紧密的联系。装配时如未按规定操作,会影响产品的电气连接性,导致设备不能正常工作。在安装过程中,操作者没有将多股导线绞合镀锡,而是直接安装在导电螺钉上,使一部分芯线散开,不能很好地连接。采用这种不符合工艺要求的连接方法时,虽然设备在通电检查和初期工作时都正常,但时间一长,就会因局部电阻增大而发热,使导线及螺钉表面发生氧化,接触电阻增大,致使设备不能正常工作。

3. 力学强度

在安装工艺设计时,除了考虑电气连接性之外,还必须考虑元器件在安装时的力学强度和防振防跌性能。如元器件在插装之前先按照工艺要求对引脚进行成型处理,在焊接时按照焊接工艺保证焊点质量合格,对于体积较大、质量较重的元器件采用紧固件加固等。

6.4.3 元器件成型和装配工艺

1. 元器件成型

元器件的引脚处理成型是电子产品装配过程中不可缺少的工艺流程。元器件预成型后便于安装和焊接,并可提高装配的质量和效率,加强电子设备的防震性和可靠性。元器件引脚成型的形状有多种,各种成型方法都要能承受剧烈的热冲击,使元器件不受到热传导的损伤。所以,成型的具体尺寸、外形等规格,应根据安装位置的特点及技术方面的要求而定。需注意以下两点:

①元器件引脚打弯处距引脚根部要大于 1.5 mm,弯曲的半径要大于或等于元器件直径;

②引脚成型时,要注意元器件的标称文字及标记朝向应在容易观察的位置。

2. 元器件的安装工艺

(1)印制电路板的安装工艺

印制电路板的安装工艺是根据工艺设计和工艺规格规范的要求,将电子元器件按一定的方向和顺序安装在印制电路板已设计好的位置上,并采用焊锡等方式将其焊接固定的工艺技术。

印制电路板的安装分为手工装配工艺和自动装配工艺两种。采用哪种方式要根据电子产品的生产性质而定。元器件插装必须严格执行元器件的工艺技术要求,遵循先小后大、先低后高、先里后外、先易后难、先一般元器件后特殊元器件等基本原则。当元器件的插装方向在工艺图样上没有明确规定时,必须以某一基准来统一元器件的插装方向,元器件读数或色环读数的方向是横向应从左到右,竖向应从下往上。

(2)常见的安装方式

①悬空式安装。这种安装散热效果好,在插装时要求元器件与印制电路板板面之间的距离为 3~8 mm,如果元器件引脚过长,则稳定性差。

②受安装空间限制的安装。这类安装方式可以在有限的空间中保证元器件有足够的力

学强度,经得起震动和冲击。

③采用机械支撑固定安装。对于体积过大、质量过重的元器件(如变压器、大容量的电容器、大功率的可变电阻等),可采用金属支架将元器件固定在印制基板上。

6.4.4 导线连接工艺

在电子产品系统中,导线在电路中用于信号和电能的传输。电气设备和线路能否可靠安全地工作,在很大程度上取决于导线的连接和绝缘层的加工质量。

1. 剪裁

按所需的长度剪裁导线。手工剪裁时要拉直导线再截断,以保证导线的长度符合尺寸。截断导线时应保证导线的绝缘层不受损坏。为确保导线的导电性能良好,绝缘层已损坏及芯线已锈蚀的导线不能使用。

2. 剥头

将绝缘导线的两端去掉一段绝缘层而露出芯线的过程称为剥头。由于导线的连接方式不同,剥头的长度也相应不同。

常用的剥头工具有剥线钳、电工刀、剪刀、热控剥皮器等。使用热控剥皮器进行剥头时,先将热控剥皮器预热,当剥皮器上的电阻丝呈暗红色时便可使用。使用时为了让切口整齐,要转动导线,待四周绝缘层被切断后用手向外拉。这种方法操作简单,不易损伤芯线,但绝缘材料受热时会产生有害气体,因此要求安装通风器。

3. 捻头

多股导线剥头处理后,芯线可能松散,镀锡后会比原导线粗,不便与其他元器件进行连接。因此,多股导线剥头后要进行捻头处理。捻头时要用力适中,按芯线原来捻紧方向继续捻动。

4. 镀锡

为保证芯线的可焊性,镀锡之前可用砂纸、小刀等工具清除芯线表面的氧化层。手工操作时可用电烙铁镀锡法,先将预置好的导线放在有松香的模板上,然后用电烙铁铁头蘸些锡,给芯线均匀镀上一层锡。

6.4.5 元器件的紧固工艺

紧固元器件时常用的零件有螺钉、螺母、垫圈等。该紧固工艺看似简单,要做到牢固、安全、可靠,则必须对紧固件规格、紧固工具及操作方法等进行合理选择。

紧固螺钉的工具较多,常用的有普通十字旋具、一字旋具、活动扳手、套筒扳手、力矩扳手等。每一种紧固工具按螺钉的尺寸大小都有对应的工具规格,使用者需按螺钉尺寸的大小来选用。

紧固安装时注意如下:

①在紧固螺钉、螺母时,应将垫片垫平,同时还要加上弹簧垫圈,要求弹簧垫圈的四周都被螺母压住压平;

②当使用螺栓紧固时，其轴线应与被紧固件端面垂直；

③在最后拧紧时应注意不要用力过猛，以免损坏被紧固的螺钉、螺母，产生滑丝现象。

6.5 电子产品的调试与检测

6.5.1 调试检测基础

1. 调试工艺文件

产品的调试是按调试工艺文件进行的。调试工艺文件是工艺设计师为产品制定的一套科学、合理的调试规范。一般内容如下：

①调试设备及所需要的工具仪器仪表的型号和数量，操作方法及步骤；

②调试条件、安全操作规程及注意事项；

③调试所需的工时定额、有关图表、测量数据资料及记录。

2. 调试的方案内容

调试方案必须根据产品的技术要求和设计文件的规定而制订。原则上应该从技术、生产效率和经济角度来综合考虑，制定出科学、合理的调试方案。

调试时，要严格按照调试工艺指导书，对单元电路、整机进行调整和测试。电路参数的调整，可以避免因元器件参数或装配工艺设计不合理而产生电路性能和技术指标达不到设计要求的情况。检测电路设计中产生的缺陷及安装过程中出现的错误，应认真签写调试记录，对调试数据进行正确分析和处理，运用电路和元器件的基础理论去分析和排除故障，确保产品的各项性能指标达到设计要求。

3. 调试的安全措施

调试过程中需要使用各类仪器、仪表等工具进行带电操作，所以在调试过程中，首要问题就是安全问题。既防止调试中人身触电，还要防止测量仪器被损坏，所以调试者必须严格遵守安全规程，以保证人员、设备的安全。

(1)调试环境安全措施

不同的产品对工作和调试的环境要求不同。如各类调试台的公共场地应铺垫绝缘橡胶，以保证调试人员和操作者与地绝缘良好；在调试高压电路时，除要在被调试设备周围地面上铺垫合格的地板和绝缘橡胶外，还应在调试的工作场所醒目的地方挂上警示牌。

(2)用电安全

调试时要有用电安全措施。如调试场地总电源开关应有相应的指示灯，开关最好安装在较明显又易操作的位置；场地所有的电源线、电源开关、插头等都不允许有裸露的带电导体，元器件必须符合安全用电要求；为防止漏电或过载事故造成人身危险和设备损坏，在调试场地要求安装漏电保护开关和过载保护开关。

(3)操作安全

调试电路接通电源前，应检查调试电路有无短路和开路现象，同时要注意不能带电操作。如必须与带电部分接触时，操作者应使用带有绝缘保护功能的服装和装备；当使用和调试 MOS 电路时，操作者必须带上防静电腕套；进行高压调试前，操作者要穿好绝缘鞋，带上绝缘手套。

需要注意，人们通常认为电源开关断开（或关闭）就等于电源断开了，这种观念是错误的，也是很危险的。只有拔下电源插头，调试电路时才真正地断开了电源，人们认为不通电的设备或仪器就不带电，这是不对的。

另外，大容量高压电容只有进行放电后，才可以认为不带电。如显像管的高压嘴，由于管锥体内外壁构成的高压电容存在，即使断电数天后，高压嘴上仍然带电。要保证电视机的使用寿命及调试维修安全，一定要拔掉电视机的电源插头。

（4）测试设备安全

用于测试的仪器设备要定期检查，以保证测试仪器的完好。当仪器外壳为金属时，电源插头必须选用三相插头，使地线和外壳相连，避免外壳带电。当仪器保险丝烧断时，首先应切断电源，拔下电源插头，再更换保险丝。更换的新保险丝一定要符合仪器的规格，不能任意选用，更不能用铜丝代替。使用功率较大的仪器设备，特别要注意断电后应冷却一段时间再通电，否则容易烧坏保险丝或损坏仪器。

4. 调试仪器的选用

在调试工作中，选择合适的调试仪器非常重要。选择调试仪器应遵循以下原则。

①在保证测量指标范围的前提下，选用结构简单、操作方便的通用型或专业型仪器。

②仪器仪表工作误差应小于被测参数的允许误差，一般小于允许误差的 1/10。

③仪器仪表的测量范围和灵敏度应符合被测参数的要求。

④选择高输入阻抗的仪器仪表时，要求接入被测电路后，产生的测量误差尽量小。

⑤选择灵敏度较高的仪器时，仪器的连接线应采用屏蔽线；高频测试时，高频插头应直接接触被测点。

电子测试仪器要能正常使用，要求使用者必须具备一定的电子技术专业知识，仪器使用不当也会产生干扰，导致测试结果不理想，严重时无法进行测试。

5. 静态调试工艺

静态调试是指没有外加信号时电路的直流工作状态。测试电路的静态工作情况一般是测试电路的静态工作点，即测试电路在静态工作时的直流电流和直流电压。

（1）直流电流的测量

直流电流的测试方法有直接测试法和间接测试法。

直接测试法是将电流表直接串接在待测回路中测量电流值的方法，这种方法直接、准确，但是测量时必须断开原有的电路，因此这种方法使用并不广泛。在测试时要特别注意，将万用表调至直流电流挡接入电路时，必须注意电流表的极性。

间接测试法一般在测试精度要求不高的场所使用，测量时无须断开电路，而是测量相应的电压值再计算电流，比直接测试法操作简单，但测量精度比直接测试法低。

(2)直流电压的测量

直流电压的测量方法与间接测量直流电流的方法一样,将电压表直接并接到被测试电路的两端进行测量。测量时必须注意电压挡的表笔极性,电压量程应大于待测电压。

6. 动态调试工艺

动态调试是指电路的输入端接入适当的频率信号后,测试有关检测点随输入信号变化而变化的情况,即测试电路在工作时的电压和电流动态变化情况的方法。通过测试电路的信号波形、频率特性和相关点的电压值的动态变化,来描述电路的动态特性参数,并进行分析,改善电路的动态特性。

电路调整主要是对测试结果进行分析,要求熟悉电路中的可调元器件的作用及其电路参数的影响。从理论上讲,电路中的各个元器件都有可能存在误差。要调整测试结果的偏差,必须通过改变电路中元器件的参数来实现。

6.5.2 整机调试

1. 外观检查

检验员按整机工艺文件设定的检查项目进行检验,如各类紧固元器件、开关、指示灯、按钮是否完好,是否符合设计要求,机壳的外观设计是否损伤、污染、机械装配的操作传动部分及旋钮动作是否调节灵活、到位、安装牢固。检查顺序为先外后内,检查时应认真、仔细,不要有漏检项目。

2. 通电测试

通电测试前应检查被调试元器件、部件或整机是否短路,观察元器件有无相碰,印制电路板上有无错焊的现象,并检查各类控制开关的位置是否正确,整机绝缘是否良好。最重要的是测量电源输入端是否有短路的现象。操作方法为,用万用表欧姆挡测量输入插头两端的电阻,测得阻值正常时方可以通电。

通电后,观察电源、仪表指示灯工作是否正常。若有异常现象应立即断电排除故障,解决故障后,进入初调。先对电路进行空载调试,即电源系统不带负载的情况下检测电源指标及数值和波形是否符合设计要求;合格后可进行带载调试,以及测量并调整电源部分的各项性能指标,如输出电压值、稳压、波纹系数等。如测得的参数符合设计要求,则测试完毕,反之就必须对电路中的可调元器件参数进行调整,直到电源系统的性能指标达到最佳值。

3. 整机统调

整机统调就是对装配好的整台电子产品进行整体的调试。主要是测试各电路模块之间的输入、输出的关系是否正确,电源系统性能是否良好,整机功能、性能是否符合要求,以及各种干扰的排除等。

调整好的电路板经安装后,性能参数会受到不同参数的影响。因此任何一台电子产品在整机装配后应对各单元电路进行再次测试和调整,以保证单元电路的性能符合整机性能指标的要求。

4. 技术指标测试

按照整机技术指标要求及相应的测试方法测试整机技术指标，并记录测试数据。对测试结果进行科学分析，分析结果是否达到质量技术要求，最后写出调试报告。

6.5.3 故障排除方法

产品在调试过程中或使用一段时间后，可能会出现一些故障。要快速排除故障，需要选择合理的方法去查找故障，判断故障原因，确定故障部位。

1. 观察法

观察法是最简单、最安全的检查方法。直接对单元电路板进行目测检查，观察焊点是否虚焊、假焊，连接导线的接头处是否断开，电容器是否漏液，接插件是否松脱及触点是否生锈等。

2. 测量法

排除故障中使用最广泛、最有效的方法是测量法。根据测量的电参数特性对电路进行分析，进而找出故障。该方法用万用表的电阻挡对电路进行整机内阻值的测量，在对印制电路板上的元器件进行测量时，必须考虑被测元器件在并联支路上的影响，所以测量结果还应对照原理图进行分析。

还可以将待测元器件取下来进行测量，虽然操作较麻烦，但测量结果更准确。这种测量方法可以用于判断集成电路的好坏。操作时，将一只表笔接地，另一只表笔分析测量各个不同引脚的对地电阻值，然后交换两只表笔再测一次，将测量值与标准值进行比较，结果与标准值差别很大的可能就是故障点。

测量时注意，被测对象不能供电，大电容必须放电后才能进行测量，否则测量结果不准确，严重时还会损坏测量仪器。

3. 替换法

替换法是电路测试、维修中常用的方法之一。它采用合格的、性能参数相同的元器件或设备用电路板等代替被怀疑的部件，从而判断故障的所在。

当各种检测方法均难判断故障时才使用替换法。因为该方法需要拆焊才能实现，操作比较烦琐，有时由于拆焊技术不过关会损坏元器件和印制电路板。通常不直接焊接元器件，可以将被怀疑的元器件两个引脚开路，焊上新元器件进行测试。如果是一个电容器，怀疑其容量减少时，可再并上一个电容进行试验。

当怀疑某一电路有故障时，可使用该电路的备用板进行维修，这种方法比较方便，而且时间短，特别对现场维修更为实用。

4. 比较法

由于电子设备的多样化，出现的故障也千奇百怪。当采用多种检测方法都无法判断故障时，就可以采用比较法。

（1）整机比较法

整机比较法通常指维修调试人员手头缺少各种技术资料，设备本身又较复杂时，采用与故障机相同类型的正常工作的机器进行比较而查出故障的方法。原理是:通过对比,观察怀疑有故障的电路部分的工作点和波形,比较好坏设备的参数性能差异,以便分析问题、发现问题和解决问题。

(2)排除比较法

有些电子设备系统往往有若干个相同功能和结构的组件,当这样的设备出现异常情况而不能马上确定引起故障的组件时,就可以采用排除比较法来确认。方法是:逐一插入组件,同时监视整机系统的工作情况,如系统能正常工作,就可以排除该组件的嫌疑;再插入另一组件试验,以此类推,直到查出故障为止。采用排除比较法时,应注意关闭电源后方能插入 或拔出组件,防止带电插入或拔出造成短路,损坏系统。